混沌理论及应用研究

韦鹏程 蔡银英 段 昂 著

科学出版社
北京

内 容 简 介

混沌理论是研究特殊的复杂动力学系统的理论，混沌和密码学之间所具有的天然联系和结构上的某种相似性，启示人们把混沌理论应用于密码学领域。本书主要致力于混沌加密算法和混沌数字水印算法的研究，主要包括基于混沌理论的对称分组加密算法、公钥加密算法和数字水印算法。本书有助于丰富现代密码学和数字水印技术的内容，促进信息安全技术的发展。

本书既可以作为高校信息安全专业高年级学生的教学参考用书，也可供信息安全研究人员或者相关从业人员参考使用。

图书在版编目(CIP)数据

混沌理论及应用研究 / 韦鹏程，蔡银英，段昂著. — 北京：科学出版社，2025.3

ISBN 978-7-03-061044-7

Ⅰ.①混⋯　Ⅱ.①韦⋯　②蔡⋯　③段⋯　Ⅲ.①混沌理论-研究　Ⅳ.①O415.5

中国版本图书馆 CIP 数据核字（2019）第 070728 号

责任编辑：孟　锐 / 责任校对：彭　映
责任印制：罗　科 / 封面设计：墨创文化

科 学 出 版 社 出版
北京东黄城根北街16号
邮政编码：100717
http://www.sciencep.com

成都锦瑞印刷有限责任公司 印刷
科学出版社发行　各地新华书店经销

*

2025 年 3 月第 一 版　　开本：B5（720×1000）
2025 年 3 月第一次印刷　　印张：6 3/4
字数：138 000

定价：109.00 元
（如有印装质量问题，我社负责调换）

前　　言

随着互联网和通信技术的迅猛发展和广泛应用，网络信息的安全问题日益突出。特别是数字产品种类多样、安全功能复杂以及攻击手段层出不穷，迫切需要研究出更多安全、高效、可靠的信息安全技术。

混沌理论和密码学之间有着天然的联系：混沌系统的一些动力学特性大致对应着密码系统的某些安全特征，而具有良好混合性的传统密码系统又暗示着拟混沌现象。学术界正在探讨将一些非传统的新颖方法引入信息安全领域，比如基于混沌理论的保密通信、信息加密技术、数字水印的研究已成为当前国际非线性科学和信息科学两个领域交叉融合的热门前沿课题之一。

本书主要致力于混沌加密算法和混沌数字水印算法的研究，有助于丰富现代密码学和数字水印技术的内容，促进信息安全技术的发展。在理论方面，本书对离散化的混沌映射的特殊性质作了深入研究，有助于揭示在有限域上混沌现象的量化分析问题，同时促进混沌加密系统设计和分析方法的不断深入。在应用方面，本书为数字产品安全系统的设计提供更多的思路和基本工具。本书的主要研究内容如下。

(1) 对当前混沌密码学的发展状况进行详细的分析、归纳和总结，并对现有混沌密码学的分析方法进行系统的概括，提出目前存在的一些需要解决的关键问题。

(2) 对一类基于混沌的对称图像加密算法进行改进，设计一种新的混沌对称图像加密算法。

(3) 提出几种新的混沌加密算法。理论分析和实验表明这些算法在抵抗已知的一些密码分析方法方面有很好的性能。

(4) 在分析混沌系统和小波分解特性的基础上，分别提出一种基于逻辑斯谛(Logistic)映射和图像迭代的小波变换数字水印算法以及一种带密钥的数字水印算法，实验表明两种算法都具有较好的水印鲁棒性和安全性。

(5) 运用混沌动力学系统所产生的伪随机序列对水印信号进行混沌加密、对载体图像进行混沌密码变换，然后对水印进行嵌入，从而提出一种空域内基于共轭的抗剪切鲁棒水印算法，该算法具有较强的保密性和抗几何攻击的能力。

(6) 对本书工作进行全面总结，并对今后的研究方向进行展望。

本书由重庆第二师范学院的韦鹏程、蔡银英、段昂三位老师完成，得到了重庆市儿童教育大数据工程实验室、重庆市交互式教育电子工程技术研究中心、重庆市电子信息重点学科、重庆市教育委员会科研项目(No.KJZD-M202401601)和重庆第二师范学院引进高层次人才科研启动项目(BSRC2024029)的支持,在此表示感谢!

目　　录

第 1 章　绪论 ··· 1
  1.1　研究背景与研究意义 ··· 1
  1.2　主要研究内容 ··· 3
  1.3　本书的组织结构 ··· 3
第 2 章　混沌理论基础 ··· 5
  2.1　混沌理论的发展过程 ··· 5
  2.2　混沌的定义 ·· 6
  2.3　混沌运动的特征 ··· 7
  2.4　混沌系统的测度准则 ··· 9
    2.4.1　Lyapunov 指数 ··· 9
    2.4.2　Poincaré 截面法 ··· 9
    2.4.3　功率谱法 ··· 10
    2.4.4　分维数分析法 ··· 10
    2.4.5　Kolmogorov 熵 ··· 12
  2.5　混沌理论的应用 ··· 13
  2.6　本章小结 ·· 14
第 3 章　混沌理论在密码学中的应用 ··································· 15
  3.1　现代密码学概要 ··· 15
    3.1.1　密码学基本概念 ·· 15
    3.1.2　对称密钥密码系统 ··· 15
    3.1.3　公开密钥密码系统 ··· 16
    3.1.4　密码分析与算法安全 ·· 17
  3.2　混沌理论与密码学的关系 ·· 18
  3.3　混沌密码学的发展概况 ··· 20
  3.4　典型的混沌序列密码 ·· 21
    3.4.1　序列密码概述 ··· 21
    3.4.2　混沌理论用于序列密码的可行性 ······························ 21
    3.4.3　基于混沌伪随机数发生器的序列密码 ························ 22
  3.5　典型的混沌分组密码 ·· 22

  3.5.1 分组密码概述 ·· 22
  3.5.2 混沌理论用于分组密码的可行性 ·· 24
  3.5.3 基于逆向迭代混沌系统的分组密码 ·· 24
 3.6 混沌密码设计新思路 ··· 25
  3.6.1 基于搜索机制的混沌密码 ·· 25
  3.6.2 基于混沌系统的概率分组密码 ··· 28
 3.7 本章小结 ··· 29

第4章 改进的基于混沌映射的对称图像加密算法 ······························ 30
 4.1 概述 ·· 30
 4.2 基于3D Cat映射的对称图像加密方案的过程 ······················· 30
 4.3 基于3D Cat映射的对称图像加密方案的安全性问题 ··········· 32
 4.4 改进的基于3D Cat映射的对称图像加密方案 ······················· 33
  4.4.1 复合离散混沌系统的定义 ·· 33
  4.4.2 图像的置乱过程 ··· 33
  4.4.3 图像的置混过程 ··· 33
  4.4.4 图像的加密和解密过程 ·· 34
 4.5 改进的基于3D Cat映射的对称图像加密方案的安全性分析 ········· 35
  4.5.1 密钥空间分析 ··· 35
  4.5.2 密钥敏感性测试 ··· 35
  4.5.3 抗选择明文图像攻击 ·· 37
  4.5.4 统计分析 ··· 38
  4.5.5 差分攻击 ··· 39
 4.6 本章小结 ··· 40

第5章 基于Hénon映射和Feistel结构的分组密码算法 ······················· 41
 5.1 概述 ·· 41
 5.2 Feistel结构 ··· 41
 5.3 混沌系统及其特性分析 ··· 42
 5.4 算法设计 ··· 44
  5.4.1 基于Hénon映射的Feistel结构设计 ······································ 44
  5.4.2 算法详细描述 ··· 45
 5.5 模拟仿真及分析 ··· 46
 5.6 本章小结 ··· 49

第6章 多级混沌图像加密算法 ·· 50
 6.1 概述 ·· 50
 6.2 算法描述 ··· 50
 6.3 算法设计 ··· 51

　　　　6.3.1　图像像素点空间置乱 ·············· 51
　　　　6.3.2　像素值的扩散 ·············· 52
　　6.4　安全性分析和仿真实验 ·············· 54
　　6.5　本章小结 ·············· 57
第7章　数字水印技术 ·············· 58
　　7.1　数字水印的产生背景 ·············· 58
　　7.2　数字水印的研究现状 ·············· 58
　　7.3　数字水印的基本模型 ·············· 61
　　7.4　数字水印的分类 ·············· 62
　　　　7.4.1　空间域数字水印 ·············· 63
　　　　7.4.2　变换域数字水印 ·············· 63
　　7.5　数字水印的攻击 ·············· 64
　　7.6　数字水印的性能指标 ·············· 66
　　7.7　数字水印算法设计中需要考虑的因素 ·············· 68
　　7.8　本章小结 ·············· 68
第8章　带密钥的混沌数字水印算法 ·············· 69
　　8.1　概述 ·············· 69
　　8.2　带密钥的混沌数字水印嵌入技术 ·············· 69
　　　　8.2.1　多级DWT ·············· 69
　　　　8.2.2　Logistic映射及其在数字水印算法中的应用 ·············· 70
　　　　8.2.3　水印的嵌入/提取过程 ·············· 71
　　　　8.2.4　水印的验证方法 ·············· 73
　　8.3　实验与分析 ·············· 73
　　　　8.3.1　视觉质量 ·············· 73
　　　　8.3.2　抗攻击能力 ·············· 74
　　　　8.3.3　安全性 ·············· 75
　　8.4　本章小结 ·············· 75
第9章　基于共轭混沌映射的数字水印算法 ·············· 76
　　9.1　概述 ·············· 76
　　9.2　混沌映射的拓扑共轭 ·············· 76
　　9.3　水印图像置乱 ·············· 79
　　9.4　载体图像加密 ·············· 79
　　9.5　水印嵌入与提取 ·············· 80
　　　　9.5.1　水印嵌入 ·············· 80
　　　　9.5.2　水印提取 ·············· 80
　　9.6　实验与分析 ·············· 80

  9.6.1 水印检测 ································· 80
  9.6.2 抗剪切 ···································· 81
  9.6.3 抗 JPEG 压缩变换 ···················· 82
 9.7 本章小结 ·· 83

第 10 章 小波、混沌和图像迭代在数字水印中的应用 ········· 84
 10.1 概述 ·· 84
 10.2 多级小波变换 ································ 84
 10.3 混沌动力系统与混沌序列 ················· 85
  10.3.1 一维多参数非线性动力系统的基本原理 ········· 85
  10.3.2 Logistic 映射 ························· 86
 10.4 图像的迭代混合 ····························· 86
 10.5 基于 Logistic 映射和图像迭代的小波变换数字水印算法 ····· 87
 10.6 实验与分析 ··································· 88
 10.7 本章小结 ······································ 90

第 11 章 总结与展望 ································· 91
参考文献 ·· 93

第1章 绪　　论

1.1　研究背景与研究意义

计算机网络和通信技术的迅猛发展及广泛应用，对科学、经济、文化、教育和管理等各个方面的影响越来越大。人们在享受信息化带来的众多好处的同时，也面临着网络信息的安全问题。信息的安全保密问题日益突出。因此，研究信息安全问题有着重大的学术与实际意义。

目前，信息安全领域的技术主要有密码技术、防火墙技术、虚拟专用网络技术、病毒与反病毒技术、数据库安全技术、操作系统安全技术、物理安全与保密技术、信息伪装、数字水印、电子现金、入侵检测、安全智能卡、公开密钥基础架构(public key infrastructure，PKI)、网络安全协议等[1-8]。保障网络信息安全的方式通常有两大类：以"防火墙"技术为代表的被动防卫型网络安全保障技术和建立在数据加密、用户授权确认机制上的开放型网络安全保障技术。在信息安全系统工程中，密码是核心，协议是桥梁，体系结构是基础，安全集成芯片是关键，安全监控管理是保障，检测攻击与评估是考验[2]。

利用密码技术保护信息秘密是密码最原始、最基本的功能。历史已经证明，密码是保护信息安全最有效的手段和关键技术。随着信息和信息技术发展起来的现代密码学，涌现出很多密码体制，如经典的私钥密码算法 DES(data encryption standard，数据加密标准)、IDEA(international data encryption algorithm，国际数据加密算法)、AES(advanced encryption standard，高级加密标准)和公开密钥算法 RSA(根据它的发明者命名，即 Rivest、Shamir 和 Adleman)、ElGamal 等。从表面上看，基于密码变换的信息安全技术将所要保护的信息"变换"成看似随机的乱码，以此阻止了信息的泄露。但是，在如今开放的互联网上，谁也看不懂的密文容易产生"此地无银"的嫌疑，引起攻击者的注意。为了对付这类黑客，人们采用了信息伪装和隐藏技术。密码技术隐藏的是信息的"内容"，而信息伪装和隐藏技术隐藏的是信息的"存在性"。信息伪装和隐藏技术是国际信息安全技术研究领域的一个新方向，也是现代密码学应用的一个重要领域，它在数字化产品的版权保护等领域的应用中正越来越受到人们的重视。

从目前的应用情况来看，使用传统的方法进行加密容易被攻破。例如，广泛

使用的 m-序列，只需知道 $2n$ bit(n 为寄存器的级数)的码元就能破译[3]；美国的加密标准 DES(56 bit)已经于 1997 年 6 月 17 日被攻破。由此可见，网络信息安全领域急切希望拥有更加安全、有效并且实现方便的信息保护手段。目前国际上正在探讨使用一些非传统的方法进行信息加密与隐藏，其中混沌理论就是被广泛研究的方法之一。

混沌理论是研究特殊的复杂动力学系统的理论，基于混沌与密码学之间所具有的天然联系和结构上的某种相似性，研究者把混沌理论应用于密码学领域。自从混沌理论与密码学的紧密联系被揭示，混沌这一具有潜在密码学应用价值的理论就逐渐得到了国内外众多研究者的高度重视[9-24]。混沌系统的动力学行为极其复杂，难以重构和预测。一般的混沌系统都具有如下基本特性：确定性、对初始条件的敏感性、混合性、快速衰减的自相关性、长期不可预测性和类随机性。混沌系统所具有的这些基本特性恰好同密码学的基本要求相一致。

混沌变换所具有的混合性、对参数和初值的敏感性等基本特性与密码学的天然关系早在香农(Shannon)的经典文章[21]中就已提到，他提出了密码学中用于指导密码设计的两个基本原则：混乱和扩散。混乱用于掩盖明文、密文和密钥之间的关系，使密钥和密文之间的统计关系变得尽可能复杂，导致密码攻击者无法从密文推理得到密钥。扩散则将明文冗余度分散到密文中使之分散开来，以便隐藏明文的统计结构，实现方式是使得明文的每一位影响密文中多位的值。

混沌的轨道混合特性(与轨道发散和初值敏感性直接相联系)对应于传统加密系统的扩散特性，而混沌信号的类随机性和对系统参数的敏感性对应于传统加密系统的混乱特性[22]。可见，混沌具有的优异混合特性保证了混沌加密器的扩散和混乱作用可以与传统加密算法一样好。另外，很多混沌系统与密码学中常用的法伊斯特尔(Feistel)网络结构是非常相似的，如标准映射、埃农(Hénon)映射等[23]。

混沌系统的确定性保证了通信双方加密和解密的一致性。只要对混沌映射的基本特性进行正确的利用，通过易于实现的简单方法就能获得具有很高安全性的加密系统。

同时，近几十年非线性系统的研究成果为加密变换的密码学分析提供了坚实的理论依据，使得混沌加密系统的方案设计和安全分析能从理论上得到保证。虽然这些年混沌密码学的研究取得了许多可喜的进展，但仍有一些重要的基本问题尚待解决。设计具有自主知识产权的新型高性能的混沌密码体制是当前亟待解决的重要问题。

1.2 主要研究内容

混沌理论在信息安全领域中的应用是相当广泛的,本书的工作仅涉及其中的一部分,主要包括以下几个方面。

(1) 分析混沌密码学的研究现状,介绍几类典型的混沌序列密码、典型的混沌分组密码和基于混沌变换的公钥加密方案。

(2) 提出几种新的混沌加密算法,理论分析和仿真实验表明这些算法具有较好的安全性。

(3) 对一种基于混沌的对称图像加密算法进行改进,指出该加密系统存在信息泄露问题,并提出一种改进方案,从而大大改善算法的抗攻击能力。

(4) 提出三种基于混沌理论的数字水印算法。理论分析和实验表明这些算法在抗攻击性能方面较已有的算法有较大的提高。

(5) 对本书工作进行全面总结,并对今后的研究方向进行展望。

1.3 本书的组织结构

本书主要的章节内容安排如下。

第 1 章简单介绍本书的研究背景、意义和主要的研究内容。

第 2 章从多个方面对混沌理论基础进行详细的论述:首先指出混沌现象的普遍存在性,回顾混沌理论的研究历史,然后给出混沌的定义,描述混沌运动的特征,并介绍混沌研究所需的判据与准则,包括李雅普诺夫(Lyapunov)指数、庞加莱(Poincaré)截面法、功率谱法、分维数分析法、科尔莫戈罗夫(Kolmogorov)熵等,最后简要概括混沌理论的广阔应用前景。

第 3 章对基于混沌理论的密码技术研究现状进行详细分析。首先介绍现代密码学的概要,然后对比混沌理论与密码学的关系,接着对典型的混沌序列密码、典型的混沌分组密码和其他一些混沌加密新思路进行系统介绍。

第 4 章对一种基于混沌映射的对称图像加密算法进行密码学分析,指出该类加密系统的安全漏洞。在此基础上,设计一个改进的混沌图像加密系统,提高系统的安全性。

第 5 章提出一类基于 Hénon 映射和 Feistel 结构的分组密码算法,将混沌映射与该结构融合在一起,该算法的最大优点是加密的轮次和子密钥的构造是基于混沌系统动态更新的。理论分析和仿真实验结果表明,该算法具备可靠的安全性及其他优良性能。

第 6 章在充分考虑图像内在特性和混沌系统特性的基础上，提出一种基于二维混沌映射的多级混沌图像加密算法。该算法首先用二维混沌映射对图像的像素位置进行扰乱，然后用混合混沌序列来隐藏图像明文和密文的相关性，因而该方法可以有效地抵抗统计和差分攻击。

第 7 章介绍数字水印技术的应用背景、研究现状及其基本模型，接着分析数字水印的两种变换方法——空间域水印和变换域水印，最后分析数字水印的常见攻击方法和性能指标。

第 8 章提出一种带密钥的混沌数字水印算法。该算法首先应用 Logistic 映射构造一个原始图像的子图，其次把 DWT(discrete wavelet transform，离散小波变换)作用在这个子图上得到两个子带 LH_1 和 HL_1，然后对这两个子带进行 RSA 加密并把水印嵌入这两个子带，最后通过 IDWT(inverse discrete wavelet transform，逆离散小波变换)重构子图，从而得到一个嵌入水印信息的图像。实验结果表明该算法具有较好的水印鲁棒性、安全性和不可感知性。

第 9 章提出一种基于共轭混沌映射的数字水印算法。该算法运用混沌动力学系统所产生的伪随机序列对水印信号进行混沌加密、对载体图像进行混沌密码变换，然后对水印进行嵌入，经过水印检测、剪切、压缩和添加噪声等实验，可以看出，该算法具有较强的保密性和抗几何攻击的能力。

第 10 章提出一种基于混沌系统和小波变换的迭代混合数字水印算法，它直接把水印信息叠加在载体图像的低频部分，人眼的视觉系统特性确保了嵌入水印的隐蔽性，而混沌系统的初值敏感性确保了嵌入水印的鲁棒性。

第 11 章全面总结本书的工作，同时对今后的研究方向进行展望。

第 2 章 混沌理论基础

2.1 混沌理论的发展过程

在现实世界中，非线性现象远比线性现象广泛。混沌现象是指在确定性系统中出现的一种貌似无规则、类似随机的现象，是自然界普遍存在的复杂运动形式。人们在日常生活中早已习以为常的种种现象，如钟摆的摆动、山石的滚动、奔腾的小溪、岸边海浪的破碎、股市的涨跌、飘浮的云彩、闪电的路径、血管的微观网络、大气和海洋的异常变化、宇宙中的星团乃至经济的波动和人口的增长等，在看似杂乱无章的表象下却蕴涵着运动规律[9-11]。

最早对混沌进行研究的是法国的亨利·庞加莱(Jules Henri Poincaré)，1913年他在研究能否从数学上证明太阳系的稳定性问题时，把动力学系统和拓扑学有机地结合起来，并提出三体问题在一定范围内的解是随机的，实际上这是一种保守系统中的混沌。1927年，丹麦电气工程师范德波尔(van del Pol)在研究氖灯张弛振荡器的过程中，发现了一种重要的现象并将它解释为"不规则的噪声"，即所谓 van del Pol 噪声。第二次世界大战期间，英国科学家重复了这一实验并提出质疑，后来的研究发现 van del Pol 观察到的不是"噪声"，而是一种混沌现象。1954 年，苏联概率论大师科尔莫戈罗夫(Kolmogorov)在探索概率起源的过程中，提出了 KAM 定理(Kolmogorov-Arnold-Moser theorem)的雏形，为早期明确不仅耗散系统有混沌现象，保守系统也有混沌现象的理论铺平了道路。1963 年，麻省理工学院的气象学家洛伦兹(Lorenz)在研究大气环流模型的过程中，提出"决定论非周期流"的观点，讨论了天气预报的困难和大气湍流现象，给出了著名的 Lorenz 方程。这是第一个在耗散系统中由一个确定的方程导出混沌解的实例，从此以后，关于混沌理论的研究正式揭开了序幕。1964 年，法国天文学家埃农(Hénon)发现，一个自由度为 2 的不可积的保守的哈密顿(Hamilton)系统，当能量渐高时其运动轨道在相空间中的分布越来越无规律，从而给出了 Hénon 映射。1971 年，法国物理学家吕埃勒(Ruelle)和荷兰数学家塔肯斯(Takens)首次用混沌来解释湍流发生的机理，并为耗散系统引入了"奇怪吸引子"的概念。1975 年，美籍华人学者李天岩(Tianyan Li)和他的导师美国数学家约克(Yorke)发表《周期 3 意味着混沌》一文，首次使用"混沌"这个名词，并为后来的学者所接受。1976 年，美国数学生态学家梅(May)在文章《具有极复杂动力学的简单数学模型》中详细描述了 Logistic 映射 $x_{n+1} = \mu x_n (1-x_n)$ 的混沌行为，并指出生态学中一些非常简单的数学模型可能具有非常复杂的动力学行为。1978年，费根鲍姆(Feigenbaum)通过对 Logistic 模型的深入研究，发现倍周期分岔的参数值呈几何级数收敛，从而提出了 Feigenbaum 收敛常数 δ 和标度常数 α，它们是和 π 一样的自然界的普适性常数。但是，Feigenbaum 的上述突破性进展开始并未被立即接受，其论文直到三年后才公开发表。Feigenbaum 的卓越贡献在于他看到并指出了普适性常数，真正地用标度变换进行计算，使混沌学的研究从此进入了蓬勃发展的阶段。进入 20 世纪 80 年代，人们着重研究了系统如何从有序到新的混沌以及混沌的性质和特点，并进入了混沌理论的应用阶段。20 世纪 90 年代以来，随着非线性科学及混沌理论的发展，混沌科学与其他应用学科相互交错、相互渗透、相互促进、综合发展，其在电子学、信息科学、图像处理等领域都有了广泛的应用，混沌密码学就是其中之一[12-14]。

2.2 混沌的定义

由于混沌系统的奇异性和复杂性至今尚未被人们彻底了解，因此至今混沌还没有一个统一的定义。我们认为，对混沌概念的界定应从混沌现象的本质特征入手，从数学和物理两个层次上考察，才有可能得出正确而完整的结论。目前已有的定义从不同的侧面反映了混沌运动的性质，虽然定义的方式不同，彼此在逻辑上也不一定等价，但它们在本质上是一致的[10,11,16,17]。1975 年，李天岩和 Yorke 给出了混沌的一个数学定义，这也是第一次赋予混沌这个词以严格的科学意义。

混沌的几个定义如下。

1. Li-Yorke 的混沌定义

区间 I 上的连续自映射 $f(x)$，如果满足下面的条件，便可确定它有混沌现象。

(1) f 的周期点的周期无上界。

(2) 闭区间 I 上存在不可数子集 S，满足：

① $\forall x, y \in S$， $x \neq y$ 时，$\limsup\limits_{n\to\infty} |f^n(x) - f^n(y)| > 0$；

② $\forall x, y \in S$，$\liminf\limits_{n\to\infty} |f^n(x) - f^n(y)| = 0$；

③ $\forall x \in S$ 和 f 的任意周期点 y，有 $\limsup\limits_{n\to\infty} |f^n(x) - f^n(y)| > 0$。

2. 梅利尼科夫(Melnikov)的混沌定义

如果存在稳定流形和不稳定流形，且这两种流形横截相交，则必存在混沌。

3. 德瓦尼(Devaney)的混沌定义

在拓扑意义下，混沌定义为：设 V 是一度量空间，映射 $f:V \to V$，如果满足下面三个条件，则称 f 在 V 上是混沌的。

(1) 对初值的敏感依赖性：存在 $\delta > 0$，对于任意的 $\varepsilon > 0$ 和任意 $x \in V$，在 x 的 ε 邻域内存在 y 和自然数 n，使得 $d(f^n(x), f^n(y)) > \delta$。

(2) 拓扑传递性：对于 V 上的任意一对开集 Z，$Y \in V$，存在 $k > 0$，使 $f^k(Z) \cap Y \neq \Phi$。

(3) f 的周期点集在 V 中稠密。

"敏感初条件"就是对混沌轨道的这种不稳定性的描述。对于初值的敏感依赖性，意味着无论 x, y 离得多么近，在 f 的作用下，两者的轨道都可能分开较大的距离，而且在每个点 x 附近都可以找到离它很近而在 f 的作用下最终"分道扬镳"的点 y。对这样的 f，如果用计算机计算它的轨道，任何微小的初始误差，经过若干次迭代以后都将导致计算结果的失效。

拓扑传递性意味着任一点的邻域在 f 的作用之下将"遍历"整个度量空间 V，这说明 f 不可能细分或不能分解为两个在 f 下不相互影响的子系统。

周期点集的稠密性，表明系统具有很强的确定性和规律性，绝非一片混乱，而是形似紊乱实则有序，这也正是混沌能够和其他应用学科相结合走向实际应用的前提。

2.3 混沌运动的特征

混沌运动具有通常确定性运动所没有的本质特征，在几何和统计方面的体现：局部不稳定而整体稳定、无限相似、连续的功率谱、奇怪吸引子、分维、正的 Lyapunov 指数、正的测度熵等。为了与其他复杂现象区别，一般认为混沌应具有以下几个方面的特征，它们之间有着密不可分的内在联系[10,11]。

(1) 非线性：有非线性不一定混沌，但没有非线性就根本不可能产生混沌，因此混沌也称为非线性混沌。

(2) 遍历性：混沌运动轨道局限于一个确定的区域——混沌吸引域，混沌轨道经过混沌区域内每一个状态点。

(3) 类随机性：凡随机现象都表现出某些统计确定性，遵循统计规律，上述以及其他被研究过的混沌运动都表现出某种统计确定性，需用概率统计方法描述，如作频谱分析、计算 Lyapunov 指数等。然而，混沌运动所产生的随机性与通常人们所说的随机系统中的随机性有着本质区别，后一种随机性是通过运动方程中的随机外力、随机系数或随机初始条件三种方式表现出来的，应称为外在随机性。混沌系统的动力学方程是确定的，随机性完全是系统自身演化的动力学过程中由内在非线性机制作用而自发产生出来的。混沌是确定性系统的内在随机性，是一种动力学随机性，也称为类随机性。

(4) 整体稳定局部不稳定：混沌态与有序态的不同之处在于，它不仅具有整体稳定性，还具有局部不稳定性。稳定性是指系统受到微小的扰动后保持原来状态的属性和能力，一个系统的存在以结构与性能相对稳定为前提。但是，一个系统要演化，要达到一个新的演化状态又不能使稳定性绝对化，而应在整体稳定的前提下允许局部不稳定，这种局部不稳定或失稳正是演化的基础。在混沌运动中这一点表现得十分明显。局部不稳定是指系统运动的某些方面(如某些维度、熵)的行为强烈地依赖于初始条件。

(5) 对初始条件的敏感依赖性：反映了混沌运动的一个重要特征，即系统的长期("长期"的具体含义对不同系统而言可能有较大差别)行为对初始条件的敏感依赖性。初始条件的任何微小变化，经过混沌系统的不断放大，都有可能对其未来的状态造成巨大的影响。

(6) 轨道不稳定性及分岔：长时间动力运动的类型在某个参数或某组参数发生变化时也发生变化。这个参数值(或这组参数值)称为分岔点，在分岔点处参数的微小变化会产生不同定性性质的动力学特性，所以系统在分岔点处是结构不稳定的。

(7) 长期不可预测性：由于混沌系统所具有的轨道的不稳定性和对初始条件的敏感性，不可能长期预测将来某一时刻的动力学特性。

(8) 分形结构：耗散系统的有效体积在演化过程中将不断收缩至有限分维内，耗散是一种整体稳定性因素，而轨道又是不稳定的，这就使它在相空间的形状发生拉伸、扭曲和折叠，形成精细的无穷嵌套的自相似结构。"自相似性"就是说每个局部都是整体的一个缩影，即使取无穷小的部分，还是和整体相似。分维则打破了体系的维数只能取整数的观念，认为体系的维数也可以取分数。混沌状态表现为无限层次的自相似结构。

(9) 普适性：在混沌的转变中出现某种标度不变性，代替通常的空间或时间周期性。普适性是指在趋向混沌时所表现出来的共同特性，它不随具体的系数以及系统的运动方程而变。普适有两种，即结构的普适性和测度的普适性。结构的普适性是指趋向混沌的过程中轨线的分岔情况与定量特性不依赖于该过程的具体内容，而只与它的数学结构有关；测度的普适性是指同一映象或迭代在不同测度层次之间嵌套结构相同，结构的形态只依赖于非线性函数展开的幂次。

2.4 混沌系统的测度准则

混沌来自系统的非线性性质，但是非线性只是产生混沌的必要条件而非充分条件。如何判断一个给定的系统是否具有混沌运动，以及如何用数学语言来说明混沌运动并对它进行定量刻画，是混沌学所研究的重要课题。本节归纳并阐述从定量角度刻画混沌运动特征的一些测度准则[10,11]。

2.4.1 Lyapunov 指数

Lyapunov 指数反映了系统轨道局部发散或收缩的状况和对初值微小变化的敏感性，它表征了连续系统流(flow)或离散系统轨迹(orbit)对信息的丢失速率，并在一定程度上体现了信号的不可预测性或随机性。Lyapunov 指数 λ 可以表征系统运动的特征，它沿某一方向取值的正负和大小，表示长时间系统在吸引子中相邻轨道沿该方向平均发散（$\lambda_i > 0$）或收敛（$\lambda_i < 0$）的快慢程度。因此，最大 Lyapunov 指数 $\lambda_{\max}$ 决定轨道覆盖整个吸引子的快慢，最小 Lyapunov 指数 $\lambda_{\min}$ 则决定轨道收敛的快慢，而所有 Lyapunov 指数 λ 之和 $\sum \lambda_i$ 可以认为是大体上表征轨道平均发散的快慢。任何吸引子必定有一个 Lyapunov 指数 λ 是负的；而对于混沌，必定有一个 Lyapunov 指数 λ 是正的。因此，人们只要在计算中得知吸引子中有一个正的 Lyapunov 指数，即使不知道它的具体大小，也可以马上判定它是奇怪吸引子，而运动是混沌的。

对于混沌动力学系统，λ 的大小与系统的混沌程度有关，假设系统从相空间中某半径足够小的超球开始演变，则第 i 个 Lyapunov 指数定义为

$$\lambda_i = \lim_{t \to \infty} \log_2(r_i(t)/r_i(0)) \tag{2.1}$$

式中，$r_i(t)$ 为 t 时刻按长度排在第 i 位的椭圆轴的长度；$r_i(0)$ 为初始球的半径。换言之，在平均的意义下，随时间的演变，小球的半径会作出如下的改变：

$$r(t) \propto r_i(0) e^{\lambda_i t} \tag{2.2}$$

2.4.2 Poincaré 截面法

Poincaré 截面法由 Poincaré 于 19 世纪末提出，用来对多变量自治系统的运动进行分析。

其基本思想是在多维相空间 $(x_1, dx_1/dt, x_2, dx_2/dt, \cdots, x_n, dx_n/dt)$ 中适当选取

一截面，在此截面上某一对共轭变量如 $x_1, \mathrm{d}x_1/\mathrm{d}t$ 取固定值，称此截面为 Poincaré 截面。观测运动轨迹与此截面的交点（Poincaré 点），设它们依次为 $P_0, P_1, \cdots, P_n$。原来相空间的连续轨迹在 Poincaré 截面上便表现为一些离散点之间的映射 $P_{n+1} = TP_n$，由它们可以得到关于运动特性的信息。如果不考虑初始阶段的暂态过渡过程，只考虑 Poincaré 截面的稳态图像，当 Poincaré 截面上只有一个不动点和少数离散点时，可判定运动是周期的；当 Poincaré 截面上是一封闭曲线时，可判定运动是准周期的；当 Poincaré 截面上是成片的密集点，且有层次结构时，可判定运动处于混沌状态。

2.4.3 功率谱法

谱分析是研究振动和混沌的一个重要手段。根据傅里叶（Fourier）分析，任何周期为 T 的周期运动 $x(t)$ 都可以展开成 Fourier 级数，其系数与相应频率的关系为离散的分离谱，而非周期运动的频率是连续谱。对于随机信号的样本函数，$x(t)$ 的功率谱密度函数定义为

$$S_x(\omega) = \int_{-\infty}^{\infty} R_x(\tau) \mathrm{e}^{-\mathrm{i}\omega\tau} \mathrm{d}\tau \tag{2.3}$$

其中，$R_x(\tau)$ 为 $x(\tau)$ 的自相关函数，即

$$R_x(\tau) = E\{x(t), E(t+\tau)\} = \lim_{T \to \infty} \frac{1}{T} \int_0^T \tilde{x}(t)\tilde{x}(t+\tau) \mathrm{d}t \tag{2.4}$$

$$\tilde{x}(t) = x(t) - \lim_{T \to \infty} \int_0^T x(t) \mathrm{d}t \tag{2.5}$$

其中，τ 为采样间隔。

对于周期运动，功率谱只在基频及其倍频处出现尖峰。准周期对应的功率谱在几个不可约的基频以及由它们叠加的频率处出现尖峰。混沌运动的功率谱为连续谱，即出现噪声背景和宽峰。由于 $R_x(\tau)$ 与 $S_x(\omega)$ 互为 Fourier 正、逆变换，它表示序列相关程度。因此在规则运动情况下，表示运动的函数序列的自相关函数 $R_x(\tau)$ 具有常数数值和周期振荡，在混沌运动情况下，$R_x(\tau)$ 将以指数衰减至零。

2.4.4 分维数分析法

分形理论是描述混沌信号的另一种手段。分形是没有特征长度但具有一定意义的自相似图形的总称，最初由曼德尔布罗特（Mandelbrot）在研究弯曲的海岸线等不规则曲线时提出，之后人们发现自然界普遍存在分形现象。分形最主要的特性是自相似性，即局部与整体存在某种相似。

第 2 章 混沌理论基础

混沌的奇怪吸引子具有不同于通常几何形状的无限层次的自相似结构。这种几何结构可用分维来描述，因此可以通过计算奇怪吸引子的空间维数来研究它的几何性质。

除个别奇怪吸引子的维数接近整数(如 Lorenz 吸引子的分维约为 2.07)，大部分奇怪吸引子都具有分数维数，它是表征奇怪吸引子这种具有自相似结构特征的指标之一。分维定义很多，常有以下几种。

1. 豪斯多夫(Hausdorff)维数

它可以用来描述空间、集合以及吸引子的几何性质。n 维空间中的子集的 Hausdorff 维数定义为

$$d_{\mathrm{H}} = \lim_{a \to 0} \frac{\ln N(a)}{\ln(1/a)} \tag{2.6}$$

其中，$N(a)$ 是覆盖集合 S 所需边长为 a 的 n 维超立方体的最小数目。

Hausdorff 维数的计算一般相当困难，因此其理论意义远大于实际意义。

2. 盒维数

它是应用最广泛的维数概念之一，因为这种维数的数学计算及经验估计相对容易。设 S 是 n 维空间中的任意非空有界子集，对每一 $r \to 0$，$N(s,r)$ 表示用来覆盖 S 的半径为 r 的最小的闭球数，若 $\lim\limits_{r \to 0} \dfrac{\ln N(S,r)}{\ln(1/r)}$ 存在，则 S 的盒维数为

$$d_{\mathrm{b}} = \lim_{r \to 0} \frac{\ln N(S,r)}{\ln(1/r)} \tag{2.7}$$

盒维数有许多等价的定义，主要区别在于盒子的选取上，式(2.7)中的盒子选择为闭球。另外，根据实际情况可以选择盒子为线段、正方形或立方体。

盒维数特别适合科学计算，用数值计算的方法求出 Logistic 映射 $x_{n+1} = 3.57 x_n (1 - x_n)$ 吸引子的盒维数大约为 0.75 (选 $r = 3 \times 10^{-6}$)。

3. Lyapunov 维数

从几何直观考虑，具有正 Lyapunov 指数和负 Lyapunov 指数的方向都对张成吸引子起作用，而负 Lyapunov 指数对应的收缩方向，在抵消膨胀方向的作用后，提供吸引子维数的非整数部分。因此，将负 Lyapunov 指数从最大的 λ_1 开始，把后继的 Lyapunov 指数一个个加起来，当加到 λ_K 时，$\sum\limits_{i=1}^{k} \lambda_i$ 为正数，而加

到下一个 λ_{K+1} 时，$\sum_{i=1}^{k}\lambda_i$ 成为负数，则可以用线性插值来确定维数的非整数部分。吸引子的 Lyapunov 指数定义为

$$d_L = K + \frac{1}{\lambda_{K+1}}\sum_{i=1}^{k}\lambda_i \tag{2.8}$$

其中，K 为使 $\sum_{i=1}^{k}\lambda_i > 0$ 成立的最大整数。

Lyapunov 维数对描述混沌吸引子非常有用，对 n 维相空间来说有以下结论。

(1)定常吸引子：$\lambda_1 < 0, \lambda_2 < 0, \cdots, \lambda_n < 0$，此时 Lyapunov 维数为 0，对应于平衡点(不动点)。

(2)周期吸引子：$\lambda_1 = 0, \lambda_2 < 0, \lambda_3 < 0, \cdots, \lambda_n < 0$，此时 Lyapunov 维数为 1，对应于极限环(周期点)。

(3)准周期吸引子：$\lambda_1 = 0, \lambda_2 = 0, \cdots, \lambda_k = 0, \lambda_{k+1} < 0, \cdots, \lambda_n < 0$，此时 Lyapunov 维数为 k，对应于环面(准周期吸引子)。

(4)混沌吸引子：$0 < k < n$ 且 $S_k < -\lambda_{k+1} = |\lambda_{k+1}|$，此时 Lyapunov 维数总是分数($k < d_L < k+1$)。

2.4.5 Kolmogorov 熵

从信息理论角度来看，运动熵可用于混沌程度的识别及混沌程度的整体度量。混沌运动的初态敏感性，使得相空间中相邻的相轨迹以指数速率分离，初始条件包含的信息会在混沌运动过程中逐渐丢失。另外，如果两个初始条件充分靠近且不能靠测量来区分，但随着时间的演化，它们之间的距离按指数速率增大，使这两条开始被认为"相同的"轨迹最终能区分开，从这个意义上，混沌运动产生信息。将所有时间的信息产生率作指数平均，即得到 Kolmogorov 熵，简称 K 熵。

考虑一个 n 维动力系统，将它的相空间分割为一个个边长为 ε 的 n 维立方体盒子，对于状态空间的一个吸引子和一条落在吸引域中的轨道 $x(t)$，取时间间隔为一个很小量 τ，令 $P(i_0, i_2, \cdots, i_d)$ 表示起始时刻系统轨道在第 i_0 格子中，$t=1$ 时在第 i_1 个格子中，$t=d$ 时在第 i_d 个格子中的联合概率，则 Kolmogorov 熵定义为

$$K = -\lim_{\tau \to 0}\lim_{\varepsilon \to 0}\lim_{d \to 0}\frac{1}{d\tau}\sum_{i_0\cdots i_d}P(i_0,i_1,\cdots,i_d)\ln P(i_0,i_1,\cdots,i_d) \tag{2.9}$$

由 K 熵的取值可以判断系统无规则运动的程度。对于确定性系统规则运动(包括不动点、极限环、环面)，其 K 熵为 0；对于随机运动，其 K 熵趋于无穷；当 K 熵为一正数时为混沌运动，且 K 熵值越大，混沌程度越严重。

2.5 混沌理论的应用

对混沌现象的认识，是非线性科学最重要的成就之一，混沌概念与分形、孤立子、元细胞自动机等概念并行，组成人类探索复杂性科学的重要范畴。自 20 世纪 80 年代以来混沌学研究出现了巨大的热潮，混沌理论与其他学科相互交错、相互渗透、相互促进，综合发展，形成许多新的研究分支。从国际上的《科学美国人》《科学》《自然》，到我国的《物理学报》《物理学进展》《计算机学报》《电子学报》《通信学报》等众多顶级的学术期刊，都大量地刊登混沌学研究的论文。无论在生物学、生理学、心理学、数学、物理学、化学、电子学、信息科学，还是天文学、气象学、经济学，甚至音乐、艺术等领域，混沌都得到了广泛的应用。

混沌理论在信息相关学科的应用可分为混沌综合和混沌分析。前者利用人工产生的混沌从混沌动力学系统中获得可能的功能，如人工神经网络的联想记忆等；后者从复杂的人工和自然系统中获得混沌信号并寻找隐藏的确定性规则，如时间序列数据的非线性确定性预测等。混沌理论的应用可概括如下。

(1) 优化：利用混沌运动的随机性、遍历性和规律性寻找最优点，可用于系统辨识、最优参数设计等众多方面。

(2) 神经网络：将混沌与神经网络相融合，使神经网络由最初的混沌状态逐渐退化到一般的神经网络，利用中间过程混沌状态的动力学特性使神经网络逃离局部极小点，从而保证全局最优，可用于联想记忆、机器人的路径规划等。

(3) 图像数据压缩：把复杂的图像数据用一组能产生混沌吸引子的简单动力学方程代替，这样只需记忆存储这一组动力学方程组的参数，其数据量比原始图像数据大大减少，从而实现了图像数据压缩。

(4) 高速检索：利用混沌的遍历性可以进行检索，即在改变初值的同时，将要检索的数据和刚进入混沌状态的值相比较，检索出接近于待检索数据的状态。这种方法比随机检索或遗传算法具有更高的检索速度。

(5) 非线性时间序列的预测：任何一个时间序列都可以看成一个由非线性机制确定的输入输出系统，如果不规则的运动现象是一种混沌现象，则通过利用混沌现象的决策论非线性技术就能高精度地进行短期预测。

(6) 模式识别：利用混沌轨迹对初始条件的敏感性，有可能使系统识别出只有微小区别的不同模式。

(7) 故障诊断：将由时间序列构成的吸引子的集合特征和采样时间序列数据相比较，可以进行故障诊断。

(8) 混沌保密通信：利用混沌信号的编码和解码技术实现混沌信号的保密通信，此研究已经列入了美国国防研究计划并正在加紧研制中。

(9) 混沌加密：利用混沌序列的非周期性和类随机特性，将混沌序列作为密钥流和原始明文序列进行逐位异或而得到加密密文。

当然，混沌还可用在其他方面，例如，在语言加工信息的研究方面、对人脑功能以及处理信息的机理研究方面等，这里就不一一赘述。

混沌学作为一门科学毕竟还很年轻，远未成熟。可以预料，混沌学最终将发展成为人类观察整个世界的一个基本观点，将对人类思维的解放起到巨大的作用。

2.6 本章小结

本章详细论述了混沌理论基础。首先指出了混沌现象的普遍存在，回顾了混沌理论的研究历史，然后给出了混沌的定义，描述了混沌运动的特征，并介绍了混沌研究所需的判据与准则，包括 Lyapunov 指数、Poincaré 截面法、功率谱法、分维数分析法、Kolmogorov 熵等，接着将分散在全书中的各种常见的混沌模型集中进行介绍，最后简要概括了混沌理论广阔的应用前景。

第 3 章　混沌理论在密码学中的应用

3.1　现代密码学概要

密码学是一门既古老又年轻的学科。现代密码学已成为一门多学科交叉渗透的边缘学科，综合了数学、物理、电子、通信、计算机等众多学科的知识和最新研究成果，是保障信息安全的核心。

3.1.1　密码学基本概念

密码学分为两个分支，即密码编码学和密码分析学。密码编码学是对信息进行编码实现隐蔽信息目的的一门科学，而密码分析学则是研究如何破译密码的科学，两者相互依存、相互支持、不可分割。用某种方法伪装消息以隐蔽其内容的过程称为加密(encryption)，被加密的消息称为明文(plaintext)，加密后的消息称为密文(ciphertext)，把密文重新转换为明文的过程称为解密(decryption)。对明文进行加密时所采用的一组法则称为加密算法；同样，对密文进行解密所采用的一组法则称为解密算法。加密算法和解密算法通常是在一组密钥(key)控制下进行的，分别称为加密密钥和解密密钥。如果一个密码系统的加密密钥与解密密钥相同或者可以由其中一个推算出另一个，则称为对称密钥密码系统或单密钥密码系统；否则，称为非对称密钥密码系统、双密钥密码系统或公开密钥密码系统。

3.1.2　对称密钥密码系统

对称密钥密码系统的模型如图 3.1[3]所示。

在该模型中，消息源产生明文消息 $X =[X_1, X_2,\cdots, X_M]$。$X$ 的 M 个元素是某个有限字母表的字母，传统上该字母表通常由 26 个大写字母组成。目前使用的典型字母表是二进制字母表{0，1}。为了加密，产生形式为 $K =[K_1, K_2,\cdots, K_J]$ 的密钥。密钥 K 的所有可能值的范围称为密钥空间。若该密钥在消息源产生，则它必须通过某种加密信道提供给目的地。或者采用另一种方式，由第三方密钥源

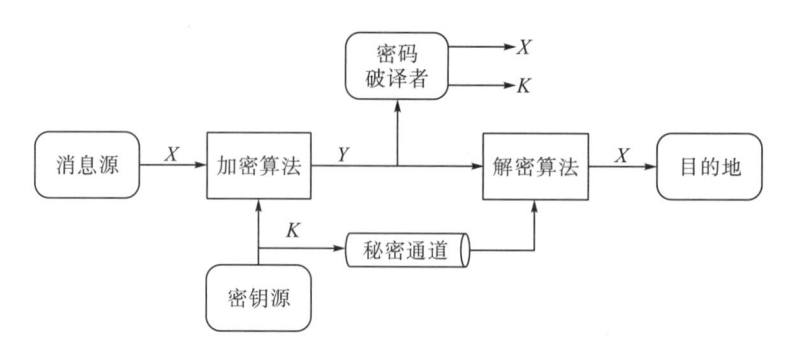

图 3.1 对称密钥密码系统的模型

产生密钥,并负责将其安全地传递到消息源和目的地。加密算法、解密算法可以公开,密码破译者能够获得 Y 但不能接触到 K 或 X,其工作就是要努力地分析出 X 或 K。

加密时,将 X 和 K 输入加密算法 E 中,产生出密文 $Y=[Y_1,Y_2,\cdots,Y_M]$,可表示为 $Y=E_K(X)$;解密时,将 Y 和 K 输入解密算法 D 中,恢复出明文 X,可表示为 $X=D_K(Y)$。加密/解密算法必须具有以下特性:$X=D_K(E_K(X))$。

根据明文消息加密形式的不同,对称密钥密码系统又可以分为两大类:分组密码(block cipher)和序列密码(stream cipher)。分组密码就是将明文分成固定长度的组,如 64 bit 为一组,用同一密钥和算法对每一组加密,输出也是固定长度的密文。序列密码是将消息分成连续的符号或比特:$m=m_0,m_1,\cdots$,用密钥流 $k=k_0,k_1,\cdots$ 的第 i 个元素 k_i 对 m_i 加密,即存在 $E_k(m)=E_{k_0}(m_0),E_{k_1}(m_1),\cdots$。

对称密钥密码系统具有加密速度快和安全强度高的优点,在军事、外交、金融以及商业应用等领域中广泛使用。但是它存在一个最薄弱、也是风险最大的环节,就是密钥的管理与分配。由于加/解密双方要使用相同的密钥,因此在发送、接收数据之前,必须完成密钥的分配。可靠、安全地进行大范围、随机变化环境下的密钥分配是确保对称密钥体制安全的关键问题。

3.1.3 公开密钥密码系统

公开密钥密码系统正是在试图解决对称密钥密码体制碰到的难题的过程中而发展起来的。1976 年公开密钥密码系统的建立,是密码学历史上的一次最伟大的革命。

公开密钥密码系统的最大特点是采用两个不同但相关的密钥分别进行加密和解密,其中一个密钥是公开的,称为公开密钥;另一个密钥是用户私人专用,是保密的,称为秘密密钥。公开密码算法的特性:已知密码算法和加密密钥,要想确定解密密钥,在计算上是不可能的。公开密钥系统的模型如图 3.2[3]所示。

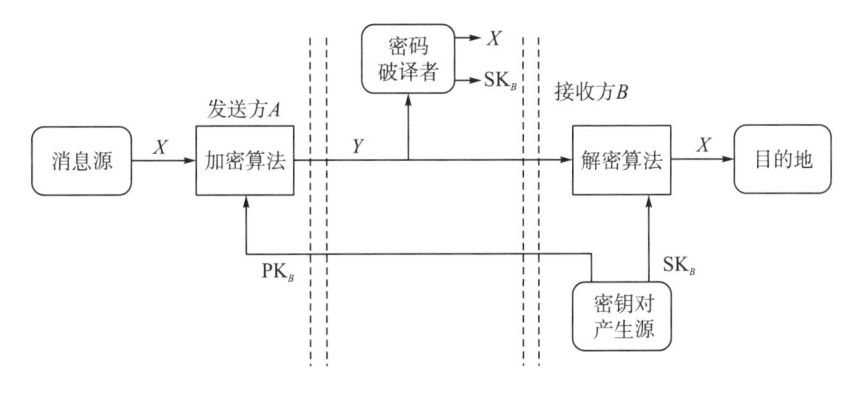

第 3 章 混沌理论在密码学中的应用   17

图 3.2 公开密钥密码系统的模型

在该模型中，要求：
(1) 接收方 B 容易通过计算产生一对密钥（公开密钥 PK_B 和秘密密钥 SK_B）。
(2) 发送方 A 用接收方的公开密钥 PK_B 对消息 X 加密产生密文 Y，即 $Y = E_{PK_B}(X)$ 在计算上是容易的。
(3) 接收方 B 用自己的秘密密钥 SK_B 对 Y 解密，即 $X = D_{SK_B}(Y)$ 在计算上是容易的。
(4) 密码破译者由 B 的公开密钥 PK_B 求秘密密钥 SK_B 在计算上是不可行的。
(5) 密码破译者由密文 Y 和 B 的公开密钥 PK_B 恢复出明文 X 在计算上是不可行的。
(6) 加密、解密次序可交换，即 $E_{PK_B}(D_{PK_B}(X)) = D_{SK_B}(E_{PK_B}(X))$。

其中，最后一条非常有用，但不是对所有的算法都有此要求。以上要求本质上是要寻找一个陷门单向函数 f_k，满足：
(1) 当已知 k 和 X 时，$Y = f_k(X)$ 易于计算。
(2) 当已知 k 和 Y 时，$X = f_k^{-1}(Y)$ 易于计算。
(3) 当 Y 已知但 k 未知时，$X = f_k^{-1}(Y)$ 在计算上不可行。

公开密钥密码系统安全性的基础一般都依赖数学中的某个困难性问题。在加/解密过程中，往往涉及大量的复杂运算，因此其比对称密钥密码的速度要慢得多。它的主要用途是密钥交换、数字签名，而不是直接加密数据。

3.1.4 密码分析与算法安全

密码分析学是研究如何破译密码的科学，其目的就是要找到消息 X 或/和密钥 K。密钥破译者所使用的策略取决于加密方案的性质以及可供破译者使用的信息。一般情况下，假设破译者都知道正在使用的密码算法，这个假设称为

Kerckhoff 假设。最常用的密码分析攻击方法有以下几类[2,4]，其攻击强度是依次递增的。

(1) 唯密文攻击(ciphertext only attack)：密码破译者仅掌握密文串 Y。

(2) 已知明文攻击(known-plaintext attack)：密码破译者掌握明文串 X 和对应的密文串 Y。

(3) 选择明文攻击(chosen-plaintext attack)：密码破译者可获得对加密机的访问权限，因此他能获得任意的明文串 X 对应的密文串 Y。

(4) 选择密文攻击(chosen-ciphertext attack)：密码破译者可获得对解密机的访问权限，因此他能获得任意的密文串 Y 对应的明文串 X。

评价密码体制安全性有不同的途径，下面是几个有用的准则[2,4]。

(1) 无条件安全性(unconditional security)：无论密码攻击者掌握了多少计算资源都无法攻破的密码体制，是无条件安全的。香农(Shannon)从理论上证明了，仅当可能的密钥数目至少与可能的消息数目一样多时，无条件安全才是可能的。用信息论中熵的观点表示就是 $H(P|C)=H(P) \Rightarrow H(K) \geqslant H(P) \Rightarrow \|K\| \geqslant \|P\|$。实际上，只有一次一密才是不可攻破的。除此以外，任何一个密码系统使用唯密文攻击在理论上都是可破的，只需用穷举法进行蛮力攻击即可。

(2) 计算安全性(computational security)：密码攻击者使用了可以利用的所有计算资源(包括时间、空间、设备等)，仍然无法攻破的密码体制，是计算上安全的。这也是密码学更为关心的性质。如果攻破一个密码体制的最好结果需要 N 次操作，而 N 是一个特定的非常大的数字，可以定义该密码体制是计算上安全的。问题是没有一个已知的实际的密码体制在这个定义下可以被证明是安全的。实际上，人们常通过几种特定的攻击类型来研究计算安全性。对于对称密码体制，一般可以用密码系统的熵来衡量系统的理论安全性，它由密钥空间的大小计算出来：$H(K)=\log_2 K$，密码系统的熵越大，破译它就越困难。

(3) 可证明安全性(provable security)：将密码体制的安全性归结为某个经过深入研究的数学难题，则称这种密码体制是可证明安全的。这和证明一个问题是 NP 完全的有些类似。例如，RSA 公开密码体制的安全性是基于分解大整数的难度，ElGamal 公开密码体制的安全性是基于计算有限域上离散对数的难度等。

3.2 混沌理论与密码学的关系

混沌和密码学之间具有的天然联系和结构上的某种相似性，启示着人们把混沌应用于密码学领域。但是混沌毕竟不等于密码学，它们之间最重要的区别在于：密码学系统工作在有限离散集上，而混沌却工作在无限的连续实数集上。此外，传统密码学已经建立了一套分析系统安全性和性能的理论，密钥空间的设计方法和实现技术比较成熟，从而能保证系统的安全性；目前混沌加密系统还缺少这样一个评估算法安全性和性能的标准。表 3.1 给出了混沌理论与传统密码学的相似点与不同点[22]。

表 3.1 混沌理论与传统密码学的相似点与不同点

项目	混沌理论	传统密码学
相似点	对初始条件和控制参数的极端敏感性	扩散
	类似随机的行为和长周期的不稳定轨道	伪随机信号
	混沌映射通过迭代，将初始域扩散到整个相空间	密码算法通过加密轮产生预期的扩散和混乱
	混沌映射的参数	加密算法的密钥
不同点	混沌映射定义在实数域内	加密算法定义在有限集上
	……	密码系统安全性和性能的分析理论

通过类比研究混沌理论与密码学，可以彼此借鉴各自的研究成果，促进共同的发展[23]。一方面，混沌动力学中的一些物理量，可能成为密码安全性的一种标度。例如，在混沌动力学中，Lyapunov 指数能有效地表示相空间内邻近轨道的平均指数发散率，而基于混沌动力学与密码学的类比研究，可以尝试将 Lyapunov 指数的概念应用到加密系统中去有效地测度密码的发散程度；同时在混沌动力学中，Kolmogorov 熵可以有效地表示信息在加密过程中信息量的损失速率，可以尝试应用 Kolmogorov 熵的概念来有效地标度迭代密码系统中迭代轮数的确定；一些具有良好密码特性的混沌变换还可以作为密码变换的候选者。另一方面，一些典型的密码分析工具也可以用于混沌理论的分析。由于密码学设计中十分强调引入非线性变换，因而可以肯定地说，混沌等非线性科学的研究成果将极大地促进密码学的发展。

关于如何选取满足密码学特性要求的混沌映射是一个需要解决的关键问题。Kocarev[22]给出了在这方面的一些指导性建议。选取的混沌映射应至少具有如下三个特性：混合特性(mixing property)、鲁棒性(robustness)和大的参数集(large parameter set)。具有以上属性的混沌系统不一定安全，但不具备上述属性的混沌加密系统必然是脆弱的。

(1)混合特性。将明文看作初始条件域，则混合特性是指将单个明文符号的影响扩散到许多密文符号中。显然，该属性对应密码学中的扩散属性。具有混合属性的系统具有较好的统计特性，当迭代次数 $n \to \infty$ 时，密文的统计性质不依赖于明文的统计性质，从而由密文的统计结构不能得到明文的结构。

(2)鲁棒性。鲁棒性是指在小的参数扰动下，混沌系统仍保持混沌状态，从而可以确保它的密钥空间的扩散属性。一般来讲，大多数混沌吸引子不是结构稳定的，而基于非鲁棒系统的算法将会出现弱密钥。

(3) 大的参数集。密码系统安全性的一个重要的衡量指标是 Shannon 熵，即密钥空间的测度，在离散系统中常用 $\log_2 K$ 近似，其中 K 为密钥的数目。因此，动力系统的参数空间越大，离散系统中相应的 K 就越大。

综上所述，选择混沌系统时，应该考虑在大的参数集中具有鲁棒混合特性的系统。

3.3 混沌密码学的发展概况

1989 年 Matthews[12]明确提出混沌密码，并提出了一种基于变形 Logistic 映射的混沌序列密码方案，此后该研究得到广泛关注。该研究发表以后，在密码学领域掀起了一次关于混沌密码的研究热潮并持续了约四年的时间，文献[25]就是在其间发表的一篇比较有代表性的文章。之后的几年时间里，这个方向的研究有所沉寂，只有很少量的文章发表。直到 1997 年，一些新的混沌密码方案[23,26-28]的提出再一次开启了新一轮的研究热潮，2000~2005 年，涌现出众多的混沌密码学研究成果，其中还出现了几篇探讨混沌密码学的综述性文献[22,26-28]。

总体上看，混沌密码有两种通用的设计思路：一是使用混沌系统生成伪随机密钥流，该密钥流直接用于掩盖明文；二是使用明文和/或密钥作为初始条件和/或控制参数，通过迭代/反向迭代多次的方法得到密文。第一种思路对应序列密码，而第二种思路则对应分组密码。除了以上两种思路，最近几年还出现了一些新的设计思路，如基于搜索机制的混沌密码方案[29-45]、基于混沌系统的概率分组密码方案[46]等。另外，还有不少的混沌密码方案专门为图像加密而设计[23, 47-51]。

与基于混沌理论的对称密码的研究相比，利用混沌来构造公开密钥密码的研究成果就显得很少。比较有价值的主要有以下几篇文献。文献[52]提出一种利用混沌吸引子来实现公钥加密的方案，但是实用性还较差；文献[53]中，Kocarev 提出一种利用切比雪夫(Chebyshev)混沌映射的半群特性来实现公钥密码方案，这是一篇创新性和实用性并举的文章。但是，有学者[54]发现 Kocarev 公钥密码方案存在安全漏洞。2004 年 12 月 Kocarev 刊出了一篇新的基于混沌的公开密钥密码的文章[55]。尽管对该混沌公开密钥密码方案的深入研究可能还会暴露出新的问题，但是对这类基于混沌的公开密钥密码系统的研究是一件很有意义的事情，对促进传统公开加密算法的改进大有益处。

下面将分别介绍典型的混沌序列密码、典型的混沌分组密码和一些关于混沌密码设计的新思路。

3.4 典型的混沌序列密码

3.4.1 序列密码概述

序列密码是将消息分成连续的符号或比特串作为密钥流，然后和对应明文流分别进行加密。由于各种消息(报文、语音、图像和数据等)都可以经过量化编码等技术转换为二进制数字序列，因此假设序列中的明文空间 M、密文空间 C 和序列空间 K 都是由二进制数字序列组成的集合。一个序列密码系统可用 (M,C,K,E_k,D_k,Z) 六元组来描述。对于每一个 $k \in K$，由算法 Z 确定一个二进制密钥序列 $z(k) = z_0, z_1, z_2, \cdots$，当明文 $m = m_0, m_1, \cdots, m_{n-1}$ 时，在密钥 k 下的加密过程为：对 $i = 0,1,2,\cdots,n-1$，计算 $c_i = m_i \oplus z_i$，密文为 $c = E_k(m) = c_0, c_1, c_2, \cdots, c_{n-1}$，其中 $\oplus$ 表示模 2 加。解密过程为：$i = 0,1,2,\cdots,n-1$，计算 $m_i = c_i \oplus z_i$，由此恢复明文 $m = D_k(c) = m_0, m_1, m_2, \cdots, m_{n-1}$。图 3.3[1] 给出了序列密码保密通信模型。

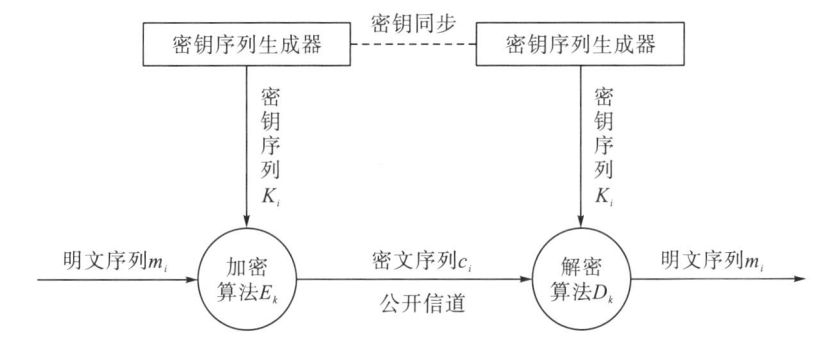

图 3.3 序列密码保密通信模型

可见，序列密码的安全性主要依赖于密钥序列 $z(k) = z_0, z_1, z_2, \cdots$，因此序列密码系统设计的关键是如何设计出具有良好特性的随机密钥序列。传统密码学中常见的是基于线性反馈移位寄存器(linear feedback shift register，LFSR)的密钥序列产生器。

3.4.2 混沌理论用于序列密码的可行性

序列密码的安全性取决于密钥序列，如何产生周期足够长的密钥序列是现代序列密码研究的主要课题之一。

如前所述，混沌是确定性非线性系统产生的类似随机性的现象，它产生于确定性系统却又难以预测。混沌系统对初值和系统参数极端敏感，相同的混沌系统在具有微小差别的初始条件下，将会发生完全不同的长期行为，混沌系统长期行为不可预测。然而，只要系统参数和初始条件给定，混沌现象本身是可以重复再生的。利用混沌系统，可以产生数量众多、非相关、类似噪声、可以再生的混沌序列，这种序列难以重构和预测，从而使密码分析者难以破译。因此，只要加以正确利用，就完全可以实现将混沌理论用于序列密码的设计中。

3.4.3 基于混沌伪随机数发生器的序列密码

由于混沌系统可以产生"不可预测"的伪随机轨道，许多研究集中在使用混沌系统构造伪随机数发生器(pseudo-random number generator，PRNG)的相关算法及性能分析上[56-60]。对于连续混沌系统而言，很多混沌伪随机序列已经被证明具有优良的统计特性。

大部分混沌序列密码的核心部分是混沌伪随机数发生器，它的输出作为密钥流掩盖(一般采用异或操作)明文。两类主要的生成混沌伪随机数的方法：一是抽取混沌轨道的部分或全部二进制比特[56,57]；二是将混沌系统的定义区间划分为 m 个不相交的子区域，给每个区域标记一个唯一的数字 $0 \sim m-1$，通过判断混沌轨道进入哪个区域来生成伪随机数[58,59]。

在大部分基于混沌伪随机数发生器的混沌序列密码中，只使用了单个混沌系统。迄今为止，已经有很多不同的混沌系统被采用，如 Logistic 映射[56]、Chebyshev 映射[61]、分段线性混沌映射[57,59,60]、分段非线性混沌映射[58]等。

为了增强安全性，可以考虑使用多混沌系统。例如，可以让两个混沌系统的输出 $\{x_1(i)\},\{x_2(i)\}$，按约定方法进行比较以生成伪随机比特流 $\{k(i)\}$：若 $x_1(i) > x_2(i)$，则 $k(i) = 1$；若 $x_1(i) < x_2(i)$，则 $k(i) = 0$；若 $x_1(i) = x_2(i)$，则不输出任何数。

3.5 典型的混沌分组密码

3.5.1 分组密码概述

混乱与扩散理论是分组密码算法设计的基石。混乱试图隐藏明文、密文和密钥之间的任何关系，可以通过一个复杂的替代(substitution)算法来达到这个目的；而扩散则是把单个明文位或密钥位的影响尽可能地扩大到更多的密文中，可以通过重复使用对数据的某种置换(permutation)，并对置换结果再应用某个函数的方式来达到。这种由替代和置换层所构成的分组密码有时被称为替代-置换网络，或 SP 网络。Feistel 密码网络结构是 SP 网络的一种特殊形式，如图 3.4[1]所示。

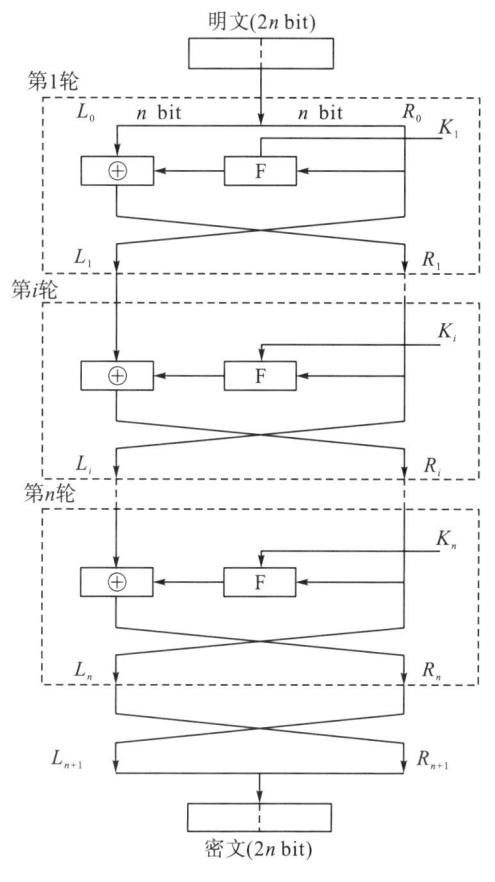

图 3.4 Feistel 网络结构

加密算法的输入是一个长度为 $2n$ bit 的明文分组和一个密钥 K，明文分组被分为两个部分，即 L_0 和 R_0，数据的这两个部分经过 n 轮的迭代处理后组合起来产生密文分组。第 i 轮时，输入前一轮得到的 L_{i-1} 和 R_{i-1}，以及从总的密钥 K 生成的子密钥 K_i。然后作以下的处理：对数据的左边一半进行替代操作，替代的方法是对数据右边一半应用轮函数 F，再用这个函数的输出和数据的左边一半作异或，轮函数在每一轮中有着相同的结构，但是各轮的子密钥 K_i 是不一样的。在这个替代之后，算法作一个置换操作把数据的两个部分进行互换。以上处理过程可以用公式表示为

$$\begin{cases} L_i = R_{i-1} \\ R_i = L_{i-1} \oplus f(R_{i-1}, K_i) \end{cases} \tag{3.1}$$

在 DES、IDEA、Rijndael 等各种具体的分组密码中，都体现了这种 Feistel 网络的基本结构。

3.5.2 混沌理论用于分组密码的可行性

在 3.3 节已经提到过：混沌的轨道混合特性（与轨道发散和初值敏感性直接相联系）对应于传统加密系统的扩散特性，而混沌信号的类随机特性和对系统参数的敏感性对应于传统加密系统的混乱特性[22]。可见，混沌具有的优异混合特性保证了混沌加密器的扩散和混乱作用可以和传统加密算法一样好。另外，很多混沌系统本身就与密码学中常用的 Feistel 网络结构是非常相似的，如标准映射、Hénon 映射等[23]。因此，只要算法设计得正确合理，就完全可能实现将混沌理论用于分组密码中。

3.5.3 基于逆向迭代混沌系统的分组密码

使用混沌系统的逆向迭代构造密码系统的想法最早是由 Habustsu 等[14]提出的。在他们的方案中，使用的是最为简单的一维分段线性混沌映射（斜 Tent 映射和它的逆映射）。

$$F_a(x) = \begin{cases} x/a, x \in [0,a] \\ (1-x)/(1-a), x \in (a,1] \end{cases} \tag{3.2}$$

$$F_a^{-1}(x) = \begin{cases} ax, b = 0 \\ 1-(1-a)x, b = 1 \end{cases} \tag{3.3}$$

它们将区间[0,1]映射到其本身上，包含的唯一参数 a 代表了 Tent 顶所在的位置，在逆映射中的 b 是一个在[0,1]上均匀分布的随机比特变量。任意选定一个初值，迭代 F 所得到的序列在区间[0,1]上遍历且均匀分布。可以发现，F 是一个 2 对 1 的映射而 F^{-1} 则是一个 1 对 2 的映射。依次类推，F^n 是一个 2^n 对 1 的映射而 F^{-n} 则是一个 1 对 2^n 的映射。

正是利用了这一特点，Habustsu 等[14]提出了一种分组密码方案：以参数 a 为密钥，将明文分组 p 变换到 $(0,1)$ 作为系统的初值。加密时，计算 n 次逆映射 F^{-1} 得到密文 C：$C = F^{-1}(F^{-1}(\cdots F^{-1}(p)\cdots)) = F^{-n}(p)$，在每次迭代时，需要随机地从 F^{-1} 的两个等式中选择一个，这意味着一个明文分组将可能有 2^n 种密文形式，只有其中的某一种密文形式被发送给接收方。在解密时，计算 n 次映射 F 恢复出明文 p：$p = F(F(\cdots F(C)\cdots)) = F^n(C) = F^n(F^{-n}(p))$。由于 F 是一个 2 对 1 的映射，所以在这个计算过程中只需要一个参数 a，而不需要知道在加密过程中每次迭代所选取的是哪一个方程。但是，已经有人利用 Tent 映射的逐段线性

和 n 个随机比特，用选择密文攻击和已知明文攻击的方法破解了这个密码方案。后来，Bergamo 等[54]和 Kocarev 等[55]在原始方案的基础上又提出了相应的改进方案，通过将混沌映射数字化为一一映射避免了随机比特的使用。在有限离散空间 $\{1/M, 2/M, \cdots, M/M\}$ 上定义了离散混沌映射 $\overline{f_a}$，该映射在整数空间 $\{1, 2, \cdots, M\}$ 上的版本 $\overline{F_A}$ 被用来构造混沌密码。

桑涛等[58]使用延迟动力学系统设计了一个分组密码方案，它可以看作 Habustsu 原始方案的又一种变形。$S(0)$ 是由 n 个二进制位所构成的初始数据，它的第 i 个元素 $s_i(0)$ 取值 1 或-1。密钥 K 由三部分构成，即 $K = (P, \tau, T)$：P 是由 $(1, 2, \cdots, N)$ 产生的置换矩阵；延迟参数 τ 由 N 个正整数构成；而参数 T 代表迭代次数。如图 3.5 所示，当密钥 K 和权重矩阵 W 给定以后，$S(t+1)$ 中的第 i 个元素 $s_i(t+1)$ 将由 $S(t-\tau_i)$ 的第 p_i 个元素的值和 t 时刻所有元素的值共同决定，即

$$s_i(t+1) = s_{p_i}(t-\tau_i) \times \theta(\sum_{j=1}^{N} W_{ij} s_j(t)) \tag{3.4}$$

其中

$$\theta(x) = \begin{cases} +1, x > 0 \\ -1, x \leqslant 0 \end{cases}$$

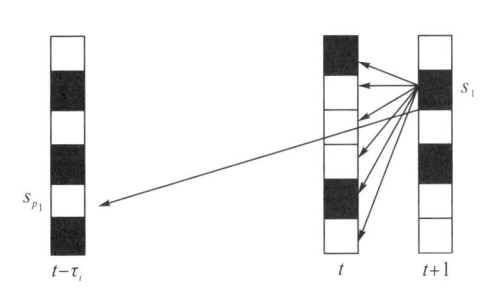

图 3.5 延迟动力系统模型

该方案将使 N bit 的数据在空间和时间上发生相互作用，最终的加密结果 $S(T)$ 是从 $S(0)$ 开始连续应用式(3.4)迭代 T 次以后得出的。

3.6 混沌密码设计新思路

3.6.1 基于搜索机制的混沌密码

这类混沌密码的共同特点是从伪随机序列中搜索明文。其中代表性的有两类：第一类由 Baptista[29]中首次提出，被搜索的伪随机序列是混沌轨道本身，随后

出现了一系列关于它的分析和改进文献[30-40];第二类由 Alvarez 等[41]首次提出,被搜索的伪随机序列是从混沌轨道 $\{x_n\}$ 按照二值化规则生成的,$x_n \leqslant U \to 0$,$x_n > U \to 1$,其中,U 是一个阈值参数,由它衍生出来的相关研究包括文献[42]~文献[45]等。

1. Baptista 类混沌密码

Baptista[29]提出的原始方案是:给定一个一维混沌映射 $F: X \to X$,将一个子区间 $[x_{\min}, x_{\max}] \subseteq X$ 划分为 S 个 ε 区间 $X_1 \sim X_s$: $X_i = (x_{\min} + (i-1)\varepsilon, x_{\min} + i\varepsilon)$,这里 $\varepsilon = (x_{\max} - x_{\min})/s$。假设明文消息由 S 个不同的字符 $\alpha_1, \alpha_2, \cdots, \alpha_s$ 组成,建立一个一一映射 $f_s: X_\varepsilon = \{X_1, X_2, \cdots, X_s\} \to A = \{\alpha_1, \alpha_2, \cdots, \alpha_s\}$,将不同的 ε 区间和相应的不同字符关联起来。定义一个新的函数 $f_s': X \to A$,如果 $x \in X_i$,则 $f_s'(x) = f_s(X_i)$。

设明文消息 $M = \{m_1, m_2, \cdots, m_i, \cdots\}(m_i \in A)$,采用的混沌系统是 Logistic 映射 $F(x) = rx(1-x)$,密钥是 Logistic 映射的初始条件 x_0、控制参数 r 以及关联映射关系 f_s。

(1)加密。加密时,第 1 个明文字符 m_1:从 x_0 开始迭代混沌系统,寻找一个混沌状态 x 满足 $f_s'(x) = m_1$,记录此时的迭代次数 C_1 作为第一个密文消息单元,并计算 $x_0^{(1)} = F^{C_1}(x_0)$。第 i 个明文字符 m_i:从 $x_0^{(i-1)} = F^{C_1+C_2+\cdots+C_{i-1}}(x_0)$ 开始迭代混沌系统,寻找一个满足 $f_s'(x) = m_i$ 的混沌状态 x,记录迭代次数 C_i 作为第 i 个密文消息单元,并计算 $x_0^{(i)} = F^{C_i}(x_0^{(i-1)})$。

(2)解密。解密时,对于每个密文单元 C_i,从上一次混沌状态 $x_0^{(i-1)} = F^{C_1+C_2+\cdots+C_{i-1}}(x_0)$ 开始,迭代混沌系统 C_i 次,根据 $x_0^{(i)} = F^{C_i}(x_0^{(i-1)})$ 和关联映射 f_s 可以方便地推导出明文字符 m_i。

(3)C_i 的限制。每个密文消息单元 C_i 应当满足约束 $N_0 \leqslant C_i \leqslant N_{\max}$,在文献[29]中,取 $N_0 = 250$,$N_{\max} = 65532$,由于在 $[N_0, N_{\max}]$ 中存在许多可选的 C_i 值,所以引入一个额外的参数 $\eta \in [0,1]$ 来确定一个合适的值:若 $\eta = 0$,则 C_i 选择使 $f_s'(x) = m_i$ 的最小迭代次数;若 $\eta \neq 0$,则 C_i 选择同时满足 $f_s'(x) = m_i$ 和 $k \geqslant \eta$ 的最小迭代次数。

该混沌密码有两个主要缺陷:① 密文的分布不均匀,C_i 的出现概率随着其值从 N_0 增加到 $N_{\max}$ 呈指数衰减;② 加密每个明文字符至少需要 N_0 次混沌迭代,速度较慢。针对这两个缺陷,人们对原始方案进行了如下改进。

Wong 等[30]提出:对于每个明文字符 m_i,首先生成一个在 0 和 $r_{\max}$(一个预先定义的整数)之间离散均匀分布的伪随机整数 r_c,迭代混沌系统 r_c 次,然后继续迭代它直到找到一个混沌状态 x 满足 $f_s'(x) = m_i$,记录迭代次数 C_i 作为当前的密文消息单元。这样改进以后,密文的分布变得均匀了,但是加密的速度则更慢了。

Wong[31]建议引入动态更新的关联映射 f_s（即作者在文中所称的查询表 look-up-table），以提高加密速度和增强安全性。后来，Wong[33]进一步证明该密码系统可以用组合的方式同时完成明文信息的加/解密和散列运算，从而推广了原密码系统。本书认为这是一个很有应用价值的方法，值得仔细研究。

Wong 等[34]引入一个会话密钥以实现发送端和接收端混沌系统之间的同步，在经过一个多次迭代的同步期后，加/解密过程才开始；另外，Wong 等[34]将密文中的 C_i 替换为每个明文字符在动态查询表中的索引值，从而有效地减小了密文长度。

Palacios 等[32]建议使用多个耦合的混沌映射网络中发生的交替混沌（cycling chaos）来增强原始密码方案的安全性。

随着新的密码方案的不断产生，针对它们的密码分析工作也取得了不少成果。Jakimoski 等[35]用一种已知明文攻击方法证明了 Baptista 原始方案是不安全的。Álvarez 等[36]应用符号动力学对 Baptista 原始方案进行了更多的攻击。针对 Baptista 类的一些后续演化方案，也陆续出现了对应的分析文章。Álvarez 等[39]应用密钥流攻击对 Wong 等[30]提出的方案进行了分析；后来，他们又用类似的方法对 Wong[31, 33]的方案进行了攻击[38]。

Li 等[37, 40]中对 Jakimoski 等[35]的攻击算法的实际效果进行了分析，并提出了抵抗所有已知攻击的改进方案，其核心思想是引入混沌掩码算法以避免攻击者获取混沌变换迭代的次数，文献[49]中对该类改进的方案进行了选择明文攻击。在第 5 章将详细介绍该类加密算法和本书作者提出的攻击方案。

2. Álvarez 类混沌密码

Álvarez 等[41]提出一种对称的分组密码，它将每个明文分组加密为一个三元密文组。与普通的分组密码不同，它的分组大小是时变的。基于一个 d 维的混沌系统 $x_{n+1} = F(x_n, x_{n-1}, \cdots, x_{n-d+1})$，选择混沌系统的控制参数作为密钥，以及一个整数 $b_{\max}$ 作为明文的最大分组。对于一个大小为 $b_i = b_{\max}$ 的明文分组，选择一个阈值参数 U_i，按照以下规则从拟混沌轨道 $\{x_n\}$ 产生一个比特链 $C_i : x_n \leqslant U_i \to 0, x_n > U_i \to 1$。在 C_i 中搜索当前明文分组第一次出现的位置，记录 (U_i, b_i, X_i) 作为对应的密文分组，这里 $X_i = (x_i, x_{i-1}, \cdots, x_{i-d+1})$ 表示在该位置混沌系统的当前状态。若当前的明文分组在很长一段 C_i 中都不能找到，则将明文长度减少一个比特，即 $b_i = b_i - 1$，然后重复上述过程，直到密文生成。在该密码系统中使用的是 Tent 映射，以控制参数 r 为密钥。

然而，仅在该密码被提出后不久，García 等[42]就指出这种密码相当脆弱，并用四种不同的方法对它进行了攻击。后来，Jakimoski 等[35]也独立地用一种已知明文攻击方法成功地破解了该密码系统。Li 等[44]详细分析了原密码系统的缺陷所在，即：① X_i 在密文中的出现，为攻击者提供了有用的信息，从而降低了攻击的复杂度；②使用不同的密钥时，Tent 混沌系统的动力学特性是完全不同的，这种动力学的差异可以从一定数量的密文中提取出来，并用于设计一些可能的攻击方法。他们进一步提出了相应的改进方案：用斜 Tent 映射或分段线性混沌映射取代原方案所使用的 Tent 映射，选择混沌系统的初始状态和控制参数作为密钥，迭代混沌系统产生伪随机序列 C_i，按照相同的办法在 C_i 中寻找明文，若能找到明文，则将当前的迭代次数作为密文输出。若当前的明文分组在很长一段 C_i 中都不能找到，则将明文长度减少一个比特，即 $b_i = b_i - 1$，然后重复上述过程，直到密文生成。在文献[43]中，原方案的部分作者也提出了自己的增强方案，将原方案中使用的单个 Tent 映射改换为多个分段线性混沌映射。Álvarez 等[45]也对它进行了密码分析。

3.6.2 基于混沌系统的概率分组密码

Papadimitriou 等[46]提出了一种基于混沌系统的概率分组密码，将 d bit 的明文加密为 e bit 的密文（$e > d$）。原始方案如下。

1. 加密

(1) 给定一个(或多个)混沌系统产生一个归一化的(即缩放到[0, 1]单元区间上)拟混沌轨道 $\{x(n)\}_{i=1}^{\infty}$。

(2) 使用 $\{x(n)\}_{i=1}^{\infty}$ 来构造一个虚拟状态空间(virtual state space)，即一个有 2^d 个虚拟吸引子(virtual attractor)的列表，要求这 2^d 个虚拟吸引子将分别对应 2^e 个虚拟状态(virtual state)，即 $1 \sim 2^e$。构造方法：在序列 $\{\text{round}(x(n) \cdot 2^e)\}_{i=1}^{\infty}$ 中搜索 $1 \sim 2^e$，直到所有的整数都被找到(即置乱 $1 \sim 2^e$ 的排列次序)；选择 2^d 个状态作为虚拟吸引子，并伪随机地将剩下的 $2^e - 2^d$ 个状态分配到这 2^d 个虚拟吸引子上。

(3) 使用一个一一置换矩阵 P 将每个虚拟吸引子 V_a 和一个消息明文字符联系起来。P 是一个索引自 0 开始的 1×2^d 的向量，其元素是 2^d 个置乱的位于 $1 \sim 2^e$ 的虚拟吸引子。

(4) 加密明文字符 $M_c = 0 \sim 2^d - 1$ 时，首先使用公式 $V_a = P[M_c]$ 将 M_c 映射到一个虚拟吸引子 V_a 上，然后从该吸引子中伪随机地选择一个虚拟状态 S_{V_a} 作为密文。

显然，正是最后一步才使得该概率分组密码名副其实。

2. 解密

(1) 使用与加密过程中步骤(1)和步骤(2)完全相同的方法重建虚拟状态空间。

(2) 确定 P 的逆矩阵 P^{-1}，它是一个索引自 0 开始的 1×2^d 的向量，其元素是 $0 \sim 2^d - 1$。P^{-1} 应当满足：$\forall M_c = 0 \sim 2^d - 1, P^{-1}[P[M_c]] = M_c$。

(3) 检索当前密文 S_{V_a} 位于哪个虚拟吸引子 V_a 中，然后恢复明文字符：$M_c = P^{-1}[V_a]$。

周红等[59]详细分析了该密码系统中存在的问题，例如，该密码的实现和高安全性之间存在不可调和的矛盾，要保证安全性则需要明文和密文的大小 d、e 足够大，而要保证实现的可能性又要求 d、e 必须足够小；该密码没有明确描述如何从 2^e 个整数中选择 2^d 个虚拟吸引子，如何伪随机地将 2^e 个虚拟状态分配到 2^d 个虚拟吸引子上，以及如何生成置换矩阵 P 等。但是，该密码系统也有其积极的一面，如由拟混沌轨道构造虚拟状态空间的方法，可能被用于生成无陷门的非线性的 S 盒等。

3.7 本 章 小 结

本章对基于混沌理论的密码学的研究现状进行了详细分析。首先介绍了现代密码学的概要，接着对混沌理论与密码学的关系进行了分析，然后按照典型的混沌序列密码、典型的混沌分组密码、混沌密码设计新思路，分别对各种比较有代表性的混沌密码进行了系统的介绍。混沌和密码学之间的天然联系和结构上的相似性，使人们相信对混沌密码学的深入研究必定会有助于理解混沌和安全的本质，并极大地促进现代密码学的发展。

第 4 章 改进的基于混沌映射的对称图像加密算法

4.1 概 述

基于混沌的图像加密技术把待加密的图像信息看成按照某种方式编码的二进制的数据流，利用混沌信号来对图像数据流进行加密。混沌之所以适合于图像加密，与它自身的动力学特性密切相关。混沌密码系统，正如其他密码系统一样，需提供三种重要特性来防止密码分析[61, 62]。

(1) 对密钥敏感：对同一明文，密钥的微小变化将产生完全不同的密文。
(2) 对明文敏感：对同一密钥，明文的微小变化将产生完全不同的密文。
(3) 明文到密文的映射是随机的：一个好的密码系统，密文中不应该存在任何固定模式。

混沌系统的三个特征(参数敏感性、初值敏感性、遍历性)很好地对应了密码系统的这三个特性。

然而混沌在本质上是确定的，有关文献已经证明这些算法的抗选择明文或抗已知明文攻击的能力较差[63-73]。这主要是计算机的有限精度和混沌序列的离散化导致了混沌动力学系统的性能退化。

Chen 等[62]提出基于 3D Cat 映射的对称图像加密算法，使用 3D Cat 映射来置乱图像像素的位置，使用 Logistic 映射来置混密文图像和明文图像的关系。理论分析和仿真实验表明该算法对统计分析攻击、差分攻击等有很好的抗攻击能力。但是，Wang 等[63]的分析表明，该加密算法对选择明文攻击的抗攻击能力较差，本章在分析文献[62]和文献[63]的基础上，提出一种改进的基于 3D Cat 映射的对称图像加密算法。

4.2 基于 3D Cat 映射的对称图像加密方案的过程

Chen 等[62]提出了基于 3D Cat 映射的对称图像加密方案，后文简称 Chen 系统。该方案的核心思想是使用 3D Cat 映射来置乱被加密图像的像素位置，然后使用另一个混沌映射产生的混沌序列,通过异或操作来修改图像的像素值。其加密/解密过程如下。

(1) 把 $W \times H$ 的二维图像折叠成一系列立方体图像 $T_1 \times T_1 \times T_1, T_2 \times T_2 \times T_2, \cdots,$ $T_i \times T_i \times T_i$,并且满足如下条件:$W \times H = \sum_{j=1}^{i} T_j^3 + R$,其中 $T_j \in \{2,3,\cdots,N\}$ 是每个立方体的边长,N 是最大边长;$R \in \{0,1,\cdots,7\}$ 是折叠后的余数。

(2) 对每一个立方体图像执行如下的 3D Cat 映射变换,产生新的被置乱的立方体。

$$\begin{bmatrix} x'_n \\ y'_n \\ z'_n \end{bmatrix} = A \begin{bmatrix} x_n \\ y_n \\ z_n \end{bmatrix} \mod N \tag{4.1}$$

其中

$$A = \begin{bmatrix} 1+a_x a_z b_y & a_z & a_y + a_x a_z + a_x a_y a_z b_y \\ b_z + a_x b_y + a_x a_z b_y b_z & a_z b_z + 1 & a_y a_z + a_x a_y a_z b_y b_z + a_x a_z b_z + a_x a_y b_y + a_x \\ a_x b_x b_y + b_y & b_x & a_x a_y b_x b_y + a_x b_x + a_y b_y + 1 \end{bmatrix}$$

矩阵 A 中的 a_x、a_y、a_z、b_x、b_y、b_z 是由 Chen 系统产生的 3D Cat 映射控制参数,(x_n, y_n, z_n) 和 (x'_n, y'_n, z'_n) 分别是像素在立方体中置乱前的位置和置乱后的位置,N 是该立方体的边长。

(3) 对新的置乱后的立方体按下述方式进行加密。

$$C(k) = \phi(k) \oplus \{[I(k) + \phi(k)] \mod N\} \oplus C(k-1) \tag{4.2}$$

$$\phi(k) = \lfloor N(x(k) - x_{\min})/(x_{\max} - x_{\min}) \mod N \rfloor \tag{4.3}$$

其中,$x(k)$ 由 Logistic 映射:

$$x(k+1) = 4x(k)[1-x(k)] \tag{4.4}$$

产生,$(x_{\min}, x_{\max})$ 的典型取值区间是 $(0.2, 0.8)$,N 是图像的颜色深度(对于 256 级的灰度图像,$N = 256$),$I(k)$ 是当前操作的像素值,$C(k-1)$ 是前一位明文像素产生的密文像素,初始值 $I(0) = C(0) = S$,S 是任意的 0~255 的正整数,$C(k)$ 是当前明文像素产生的密文像素。步骤(2)的逆变换如下:

$$I(k) = \{\phi(k) \oplus C(k) \oplus C(k-1) + N - \phi(k)\} \mod N \tag{4.5}$$

(4) 把经过置乱与置混的三维立方体按步骤(1)中折叠的顺序还原成二维形式。

在该方案中,采用了 128 bit 的二进制序列作为加密密钥。首先把 128 bit 的二进制序列分成 8 个组,即 k_{a_x}、k_{a_y}、k_{a_z}、k_{b_x}、k_{b_y}、k_{b_z}、k_l、k_s,每组 16 位。然后用 k_{a_x}、k_{a_y}、k_{a_z}、k_{b_x}、k_{b_y}、k_{b_z} 来产生 Chen 系统的六个控制参数,用 k_l、k_s 来产生

Logistic 映射的初始值 L_i 和步骤(2)中模运算的初始值 S，并作为 $I(0)$。Chen 系统如下：

$$\begin{cases} \dot{x} = a(y-x) \\ \dot{y} = (c-a)x - xz + cy \\ \dot{z} = xy - bz \end{cases} \quad (4.6)$$

其中，$a=35$，$b=3$，$c_{a_x} = K_{a_x} \times 8.4 + 20$，$K_{a_x} = \sum_{i=0}^{15} k_{a_x}(i) \times 2^{-i}$，$k_{a_x}(i)$ 表示二进制序列 k_{a_x} 的第 i 位。Chen 系统的初始值 (x_0, y_0, z_0) 也由 k_{a_x}、k_{b_x} 导出，即 $x_{0h} = K_{b_x} \times 80 - 40$，$y_{0h} = K_{a_x} \times 80 - 40$，$z_{0h} = K_{b_x} \times 60$，$K_{b_x} = \sum_{i=0}^{15} k_{b_x}(i) \times 2^{-i}$，Chen 系统分别迭代 100 次和 200 次后，得到 z_{100}、z_{200}，则 3D Cat 映射中矩阵 A 的控制参数 a_x、a_y 的值分别为 $a_x = \text{round}(z_{100} / 60 \times N)$，$b_x = \text{round}(z_{200} / 60 \times N)$，$N$ 是该立方体的边长。类似的方法可以用来产生其他的控制参数 a_y、b_y、a_z、b_z、L_i、S。不过，$L_i = z_{100} / 60, S = \text{round}(z_{200} / 60 \times 255)$。

4.3 基于 3D Cat 映射的对称图像加密方案的安全性问题

Chen 等[62]提出的方案在抵抗如统计攻击、差分攻击等方面的密码分析有较好的抗攻击性，但 Wang 等[63]认为该方案主要存在以下两个问题。

(1) 对于置乱过程。Chen 等[62]采用 3D Cat 映射，并按式(4.1)来置乱像素的位置。根据分析，只需构造一个与 A 模相等的矩阵 A'，即使得 A' 满足：$A' \equiv A (\text{mod} N)$，$|\det(A')| = 1$。则有

$$\begin{bmatrix} x'_n \\ y'_n \\ z'_n \end{bmatrix} = A \begin{bmatrix} x_n \\ y_n \\ z_n \end{bmatrix} \text{mod} N = A' \begin{bmatrix} x_n \\ y_n \\ z_n \end{bmatrix} \text{mod} N \quad (4.7)$$

$$\begin{bmatrix} x_n \\ y_n \\ z_n \end{bmatrix} = (A')^{-1} \begin{bmatrix} x'_n \\ y'_n \\ z'_n \end{bmatrix} \text{mod} N \quad (4.8)$$

因此，根据式(4.8)，明文图像很容易从被置乱的图像中恢复过来。矩阵 A' 的构造过程见文献[63]。

(2) 对于置混过程。混沌系统的离散化及计算机的有限精度，使得 Chen 等[62]使用的混沌系统已经失去了连续混沌系统的某些良好的特性(如长周期性)。因此，借助 Gray 编码思想和符号动力学，通过逐渐逼近的方法，经过不太大的运

算量就能得到该混沌系统的初始值,详细过程见文献[63]。但是,文献[63]并没有给出一个更好的算法来解决这个问题。

4.4 改进的基于3D Cat映射的对称图像加密方案

从上面的分析看,Chen 等[62]的加密方法,在抗选择明文攻击方面,无论是其置乱过程还是置混过程都是比较脆弱的。因此,本章将通过改进该混沌序列产生的方法,对其置混过程进行改进,增强其抗选择明文攻击性能。

4.4.1 复合离散混沌系统的定义

定义:设两个离散混沌系统 $f(\cdot)$、$g(\cdot)$: $x_{n+1}=f(x_n,p_f), y_{n+1}=g(y_n,p_g)$,则定义一个新的离散混沌系统 $\Phi(\cdot)$ 如下:

$$x_{n+1}=\Phi^{(M)}(x_n)=f^{(M)}(x_n,p_f) \tag{4.9}$$

其中

$$M=\lceil Q(y_{n+1}-x_{\min})/(x_{\max}-x_{\min})\bmod Q\rceil+\Delta \tag{4.10}$$

式中,Q 是大于 0 的自然数;$(x_{\min},x_{\max})$ 的典型取值区间是 $(0.2,0.8)$;y_{n+1} 是由 $g(\cdot)$ 产生的混沌序列,其值通常也要求在 $(0.2,0.8)$;Δ 是 $f(\cdot)$ 的迭代次数修正量。Δ 取值情况如下:如果 $f^{(\lceil Q(y_{n+1}-x_{\min})/(x_{\max}-x_{\min})\bmod Q\rceil)}(x_n)\in(x_{\min},x_{\max})$,则 $\Delta=0$;否则,继续迭代 $f^{(\lceil Q(y_{n+1}-x_{\min})/(x_{\max}-x_{\min})\bmod Q\rceil)}(x_n)$,直到其值位于区间 $(x_{\min},x_{\max})$,则 Δ 就等于继续迭代的次数。

4.4.2 图像的置乱过程

Chen 等[62]介绍的 3D Cat 映射有很好的抗统计攻击、差分攻击效果。因此,本章仍然使用 3D Cat 映射来置乱图像像素的位置,算法的具体过程见文献[62]和 4.2 节中的描述。

4.4.3 图像的置混过程

根据 4.1 节的描述,本书选择 Logistic 映射作为 $\Phi(\cdot)$ 中的 $f(\cdot)$,Tent 映射作为 $\Phi(\cdot)$ 中的 $g(\cdot)$,构成改进的离散混沌系统 $\Phi(\cdot)$。Logistic 映射和 Tent 映射分

别定义如下：

$$\text{Logistic 映射：} \quad x_{k+1} = 4x_k(1-x_k) \tag{4.11}$$

$$\text{Tent 映射：} \quad y_{k+1} = \left(1 - 2\left|y_k - \frac{1}{2}\right|\right) \tag{4.12}$$

图像的置混过程如下。

(1) 选定两个初始参数 i_L 和 i_T，分别作为 Logistic 映射和 Tent 映射的初始值。

(2) 利用式(4.12)和 i_T 产生混沌序列 $y_1, y_2, \cdots, y_n$。

(3) 利用式(4.9)和式(4.10)得到 $\Phi(\cdot)$ 的混沌序列 $x_1, x_2, \cdots, x_k, \cdots, x_n$。

(4) 利用式(4.3)将该序列离散化得到密钥流 $\phi(1), \phi(2), \cdots, \phi(k), \cdots, \phi(n)$。

(5) 首先对式(4.2)进行修正得到

$$C(k) = \left\{\phi(k) \oplus \left\{[I(k) + \phi(k)] \bmod N\right\} \oplus C(k-1)\right\} \bmod 256 \tag{4.13}$$

利用式(4.13)对图像的明文像素流进行加密，得到图像的密文像素流：$C(1), C(2), \cdots, C(k), \cdots, C(n)$。注意，在计算过程中设定 $C(0)$ 为任意的 0～255 的一个正整数。Logistic 映射序列和复合映射序列如图 4.1 所示。

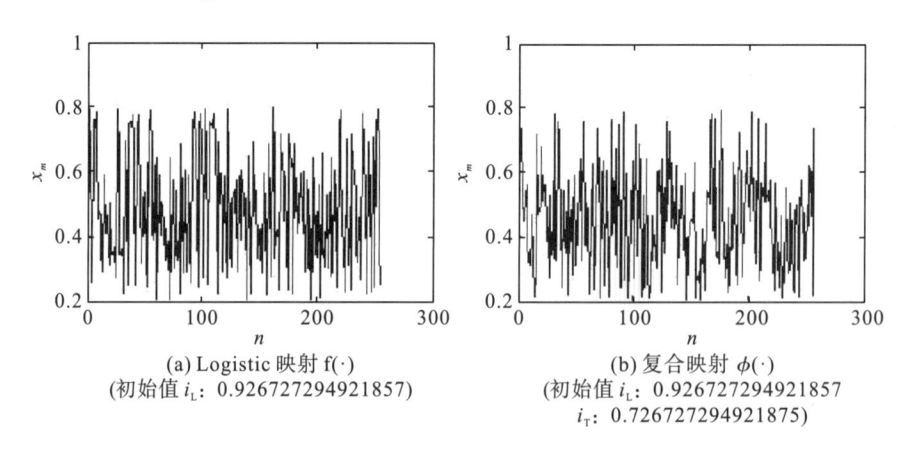

(a) Logistic 映射 f(·)
(初始值 i_L: 0.926727294921857)

(b) 复合映射 $\phi(\cdot)$
(初始值 i_L: 0.926727294921857
i_T: 0.726727294921875)

图 4.1 Logistic 映射序列和复合映射序列

4.4.4 图像的加密和解密过程

本书的图像加密算法框图如图 4.2 所示，加密步骤如下。

(1) 将明文图像折叠成一系列 3D 图像，方法见 4.2 节。

(2) 选定复合混沌系统的两个初始值 (i_L, i_T)，按 4.4.3 小节的方法对立方体图像进行置混。

(3) 按 4.2 节的方法对置混后的图像进行置乱。

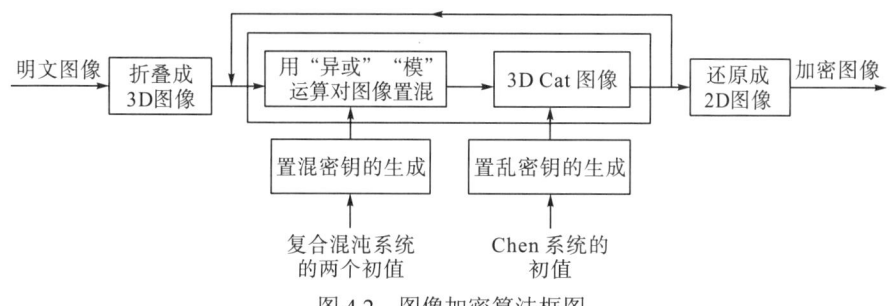

图 4.2 图像加密算法框图

(4) 把经过置混与置乱后的立方体图像还原成 2D 加密图像。

出于安全性的需要，可以重复步骤(2)和步骤(3)多次。由于本书的重点在于改进文献[62]中算法的抗选择明文攻击能力，所以下面的实验中，没有直接采用 Chen 系统来计算步骤(3)所需要的 3D Cat 映射矩阵 A，而使用了文献[63]中的与 A 模相等的矩阵 $A^{(2)}$。其解密过程与加密过程类似，只是还原置乱过程采用矩阵 $\left(A^{(2)}\right)^{-1}$，对于还原置混过程，采用修正公式(4.14)。

$$I(k) = \{\{\phi(k) \oplus C(k) \oplus C(k-1) + N - \phi(k)\} \bmod N\} \bmod 256 \quad (4.14)$$

4.5 改进的基于 3D Cat 映射的对称图像加密方案的安全性分析

一个好的加密算法应该能够抵抗各种密码分析攻击。针对本章提出的加密方案进行的各种安全性分析如下。

4.5.1 密钥空间分析

与 Chen 等[62]的加密方案比较，本章方案只是改变了混沌密钥流的产生方法，并且需要两个初始条件来决定混沌密钥流的产生。假设计算机的计算精度为 16 位，那么仅在混沌密钥流的产生过程中的密钥空间就为 10^{32}，如果再计算 3D Cat 映射变换的密钥空间，这将远远大于文献[62]中的密钥空间 2^{128}。

4.5.2 密钥敏感性测试

对于一个好的图像加密方案，其加密和解密过程都应该对密钥非常敏感。这有两层含义。

(1)加密密钥的细微改变,应该得到两个几乎完全不同的加密图像。
(2)解密密钥的细微改变,将导致其解密过程失败。

为此,采用密文像素变化率(cipher-text pixel change rate,CPCR)来衡量密钥的敏感性:

$$\text{CPCR} = \frac{\sum_{i=1}^{W}\sum_{j=1}^{H}\text{Difp}(I(i,j),I'(i,j))}{W \times H} \tag{4.15}$$

其中

$$\text{Difp}(I(i,j),I'(i,j)) = \begin{cases} 1, & I(i,j) \neq I'(i,j) \\ 0, & I(i,j) = I'(i,j) \end{cases} \tag{4.16}$$

式中,W、H 分别表示图像 I 和 I' 的宽和高。在本加密方案中,图像的置乱与置混是两个分离的过程。在下面的密钥敏感性测试实验中,没有采用 Chen 系统来计算文献[62](见 4.2 节)中的 A、L_i、S,而直接使用了文献[63]中的矩阵 $A^{(2)}$(其 $\det(A^{(2)}) = 1$)。如下:

$$A^{(2)} = \begin{bmatrix} 2080 & 11 & 21097 \\ 14749 & 78 & 149596 \\ 3787 & 20 & 38411 \end{bmatrix} \tag{4.17}$$

对于 S,实验中直接取值 93。实验结果表明,当密钥仅仅只有 2^{-16} 的微小变化时,加密后图像的像素灰度变化率都大于 99%,而解密几乎失败。因此,改进算法保留了文献[62]的密钥敏感性。

(1)加密密钥敏感性测试(表 4.1 和图 4.3)。
(2)解密密钥敏感性测试(图 4.4)。

表 4.1 不同初始条件加密后,加密图像的像素灰度变化率

两个初始条件	i_T=0.726727294921875 i_L=0.926727294921857	i_T=0.726727294921875 i_L=0.926727294921858	i_T=0.726727294921876 i_L=0.926727294921857	i_T=0.726727294921876 i_L=0.926727294921858
灰度值变化的像素	—	260105	262105	260122
百分比/%	—	99.222	99.985	99.229

(a)原始图 (b)加密后 (c)加密后 (d)加密后
i_T=0.726727294921875 i_T=0.726727294921875 (b)和(c)的不同值
i_L=0.926727294921857 i_L=0.926727294921858

第4章 改进的基于混沌映射的对称图像加密算法 37

(e)加密后
i_T=0.726727294921876
i_L=0.926727294921857

(f)加密后
(b)和(e)的不同值

(g)加密后
i_T=0.726727294921876
i_L=0.926727294921858

(h)加密后
(b)和(g)的不同值

图 4.3 加密密钥敏感性测试

(a)原始图

(b)解密图
i_T=0.726727294921875
i_L=0.926727294921857

(c)解密图
i_T=0.726727294921875
i_L=0.926727294921857

(d)解密图
i_T=0.726727294921875
i_L=0.926727294921858

图 4.4 解密密钥敏感性测试

4.5.3 抗选择明文图像攻击

对于 Chen 等[62]提出的方案，在进行选择明文图像密码分析的过程中，可以根据观察到的 $C(k)$、$C(k-1)$ 和 $I(k)$ 估算出 $\phi(k)$ 的取值区间，然后借助符号动力学和混沌迭代函数的逆映射，在计算机的有限精度下，可以得到混沌动力学系统的初始值，即加密密钥，其详细过程见文献[63]。从式(4.4)可以知道，文献[62]在密钥流产生过程中泄露了如下两个重要信息：每一位密钥产生的混沌动力学系统以及每一位密钥产生所经历的迭代次数。本书针对这一缺陷，对文献[62]的密钥流产生方法进行了改进，详细描述见 4.4 节。从式(4.9)和式(4.10)可以看出，混沌序列依赖两个混沌动力学系统 $f(\cdot)$、$g(\cdot)$，并且在产生混沌序列时，$f(\cdot)$ 所经历的迭代次数也是未知的，所以在进行文献[63]中的选择明文图像密码分析时，将很难用符号动力学和混沌迭代函数的逆映射来分析加密密钥。下面将仅从计算复杂性来进行分析。

在文献[63]中，从估计得到的 $\phi(k) = [x'_{\min}, x'_{\max}]$（$k$ 表示图像的第 k 个像素）计算混沌系统的初值 x_0 的上下边界时，执行的逆映射次数约为

$$n_1 = 4 \cdot \left(\frac{k \cdot (k-1)}{2} \right) = 2k \cdot (k-1) \tag{4.18}$$

在本书的算法中，如果取式(4.10)的 $Q=128$，则从 $\phi(k)$ 计算混沌系统的初值 x_0 的上下边界时，执行的逆映射次数约为

$$n_2 = 4 \cdot 2^{6(k-1)} \tag{4.19}$$

在文献[63]中，当 $k=42$ 时，得到了混沌系统的初值 x_0 所经历的逆映射次数 $n_1 = 3444$，如果按本章的算法加密，则得到混沌系统的初值 x_0 所经历的逆映射次数 $n_2 = 2^{248}$，并且这种逆映射次数将随着 k 的增大以指数形式增长，使得计算上不可能实现。

4.5.4 统计分析

一个好的图像加密算法应该具有好的抗统计分析攻击能力。实验证明，本算法在改善了文献[62]中算法的抗选择明文攻击能力的同时，仍然保持了其抗统计分析攻击能力。

(1)图像的灰度值统计直方图见图4.5。

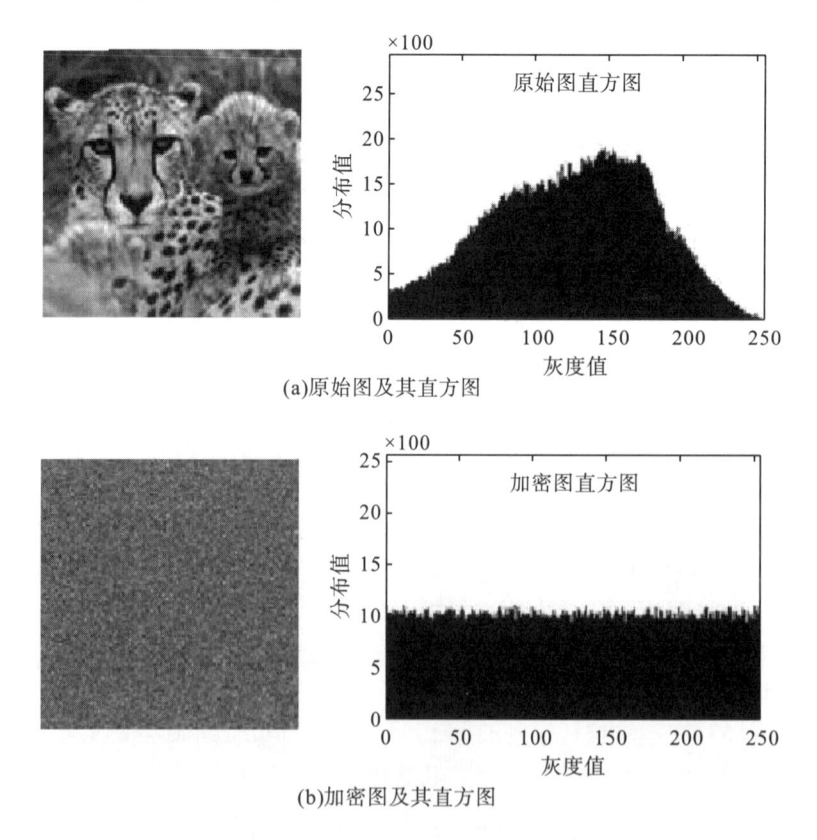

(a)原始图及其直方图

(b)加密图及其直方图

图4.5　图像的灰度值统计直方图

(2) 两个相邻像素的相关性。图像的本质特征决定了图像中相邻像素间存在较大的相关性，基于统计分析的攻击方法正是利用了图像的这一固有性质来进行密码分析。因此，一个好的图像加密算法应该破坏像素间的这种相关性，从而增强算法的抗统计分析能力。可以借助概率论的相关系数来衡量相邻像素的相关性。

$$r_{xy} = \frac{\mathrm{cov}(x,y)}{\sqrt{D(x)} \cdot \sqrt{D(y)}} \tag{4.20}$$

其中，x、y 是相邻像素的灰度值。仿真实验演示了从明文图像和加密图像中随机选取的 1000 个水平相邻像素对的灰度值之比(图 4.6)。在图 4.6(a)中，大多数水平相邻像素的灰度值之比接近于 1，表明相邻像素的相关性比较高。在图 4.6(b)中，大多数水平相邻像素的灰度值之比比较分散，表明图像经加密后相邻像素的相关性比较低。

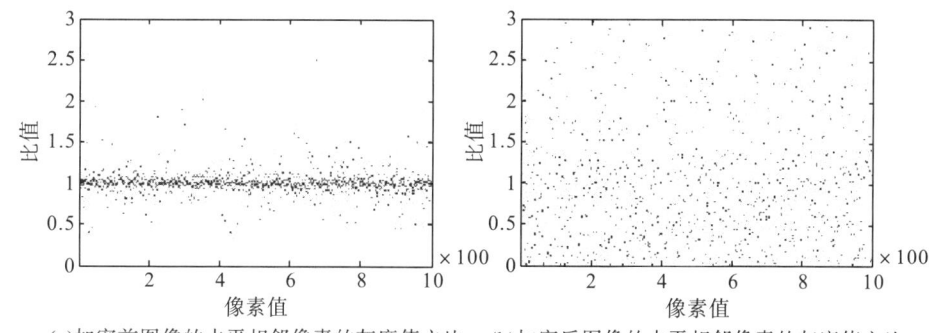

(a)加密前图像的水平相邻像素的灰度值之比　(b)加密后图像的水平相邻像素的灰度值之比

图 4.6　加密前后图像的水平相邻像素的灰度值之比

4.5.5　差分攻击

差分攻击主要是通过明文的细微变化来观察密文的变化，从而获得明文和密文之间的重要关系，进而分析加密密钥。通常用加密图像的 CPCR 和图像灰度值的统一平均变化强度(unified average change intensity，UACI)来衡量。CPCR 仿真实验见 4.5.2 小节。UACI 的定义如下：

$$\mathrm{UACI} = \frac{1}{W \times H} \left[\sum_{i,j} \frac{|C_1(i,j) - C_2(i,j)|}{255} \right] \times 100\% \tag{4.21}$$

其中，$C_1(i,j)$、$C_2(i,j)$ 表示两个加密图像 (i,j) 像素灰度值；W、H 分别为图像的宽和高。

4.6 本章小结

本章提出了一种对文献[62]中基于 3D Cat 映射的图像对称加密算法的改进方案，理论分析和仿真实验表明，通过改进混沌序列的生成方式，在保持了原来算法的密钥敏感性，抗统计攻击、差分攻击的同时，扩大了算法的密钥空间，提高了算法的抗选择明文攻击能力。但是，由于在加密过程中，每个密钥的生成要经过多次迭代，所以该算法在加密速度上较文献[62]的算法有所降低。

第 5 章 基于 Hénon 映射和 Feistel 结构的分组密码算法

5.1 概 述

混沌映射与分组密码中 Feistel 结构相结合，可以获得非常好的混乱和扩散效果。这种应用方法不多见，只在文献[74]至文献[80]中略有体现。但它们的应用只是将所选择的混沌映射用于采用 Feistel 结构的分组密码中，而没有将 Feistel 结构与混沌映射有机结合，也就是说没有充分运用混沌映射的混沌与密码学特性。

本章在详细分析混沌系统 Hénon 映射的基础上，提出一种新颖的基于 Hénon 映射的 Feistel 结构，将混沌映射与该结构融合在一起，由此设计出基于 Feistel 结构的混沌密码算法，该算法最大的优点是加密的轮次和子密钥的构造是基于混沌系统动态更新的，并从理论和数字实验两方面对其安全性进行评估、分析。

5.2 Feistel 结 构

分组密码采用了一种称为 Feistel 的结构[81-84]。Feistel 结构通过模块化设计和多轮迭代，保证加密可逆性，也是一种乘积形式的密码变换。它能够充分实现混乱与扩散，构成强度很高的密码系统。用数学表达式来表达，其第 i 轮的加密变换为

$$\begin{cases} L_i = R_{i-1} \\ R_i = L_{i-1} \oplus F(R_{i-1}, K_i) \end{cases} \quad (5.1)$$

其中，⊕ 表示按位异或；F 为轮函数；K_i 为第 i 轮的子密钥；L_i 和 R_i 分别为密文的左半部分和右半部分。

式(5.1)描述的是左右长度相同的"平衡 Feistel 结构"。在加密时，算法将长度为 $2n$ bit 的明文分组 m 分为两个长为 n bit 的部分 L_0 和 R_0，即 $m=L_0R_0$，每轮只对 R_0 进行加密。例如，DES 就是采用的这种结构，考虑加密过程中的扩展置换，DES 中需同时处理的长度是 48 bit。而文献[76]采用的是左右长度不同的非平衡

Feistel 结构，分组长度同样为 64 bit，但需同时处理的长度却是 64 bit。我们知道明文分组长度越大，敌手破译的难度也越大，但计算机能够处理的字的长度却是有限的，这又迫使分组的长度不能太长。可见，Feistel 结构是影响分组密码算法中分组长度的一个重要因素，制约着分组密码算法的安全性和运行速度。

本章通过设计一种动态的 Feistel 结构，加密的轮数不像 DES 算法或者 HOST 算法中固定的 16 轮或 32 轮，并且子密钥是随着混沌系统和密文动态更新的。

5.3 混沌系统及其特性分析

本章应用混沌理论中非常经典的 Hénon 映射作为加密变换的轮函数，主要是基于两个方面的原因：一是理论上对其混沌行为的研究比较深入；二是它具有很好的密码学特性。

在非线性研究领域，对 Hénon 映射混沌特性的研究比较深入，有兴趣的读者可阅读文献[80]和文献[82]。对于 Hénon 映射：

$$\begin{cases} x_{n+1} = 1 - px_n^2 + y_n \\ y_{n+1} = qx_n \end{cases} \tag{5.2}$$

它是一个二维的非线性混沌系统，当 $1.050 < p < 1.085$、$q=0.3$ 时，系统产生混沌现象。当 $q=0.3$、$1.050 < p < 1.085$ 时的部分分岔图及 $q=0.3$、$p=1.4$，迭代 4000 次的"银河"状奇怪吸引子如图 5.1 所示。

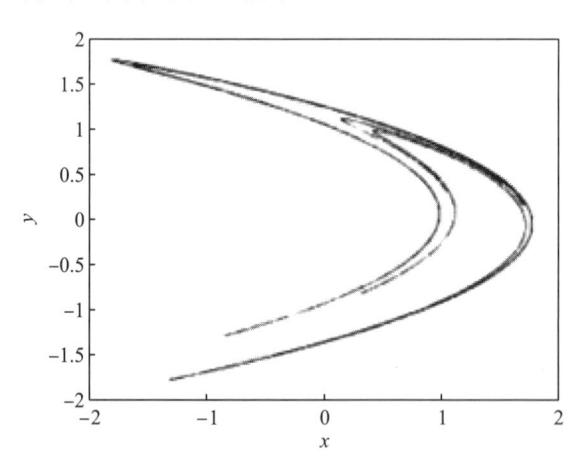

图 5.1 Hénon 映射的"银河"状奇怪吸引子

该系统具有很多优良特性，本章只对其混沌行为和密码学特性进行分析。下面对它的密码学特性进行定性分析。

（1）Hénon 映射的一大特点是对初始值有极其敏感的依赖性。将其对初值的敏感性充分体现在加密算法对明文和密钥的混乱性与扩散性上，即使算法在初值或明文上仅有很小的改动，所得到的密文也会"面目全非"。混沌映射这一特性很适合分组密码系统的密钥流生成函数。图 5.2 所示为初值分别取 $x_0=0.2345$、$y_0=0.1234$ 和 $x_0=0.2346$、$y_0=0.1235$ 时迭代 100 次的 x 轨道图。

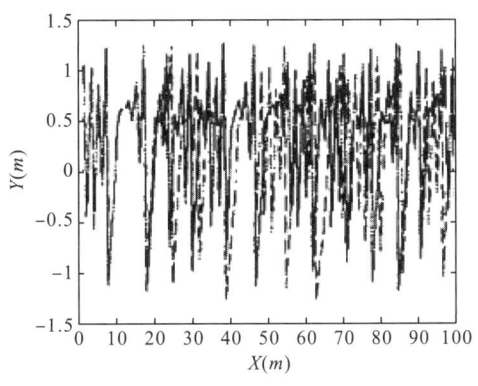

图5.2 混沌轨道对初值敏感性

（2）Hénon 映射具有优良的类随机性，其轨道的演化是非周期、不收敛的，具有很好的随机性及不可预测性。取初值 $x_0=0.20$，$y_0=0.10$（作为密钥 k 的一部分），对映射进行迭代。取序列长度 $N=5000$，相关间隔 $M=1000$，对其混沌实值序列按如下公式计算相关函数 $R_x(m)$。

$$R_x(m) = \begin{cases} \dfrac{1}{N-m}\sum_{n=1}^{N-m} X_n Y_{n+m}, m=0,1,\cdots,M \\ \dfrac{1}{N-|m|}\sum_{n=|m|}^{N} X_n Y_{n+m}, m=-1,-2,\cdots,-M \end{cases} \tag{5.3}$$

当取 $Y=X$ 时，其非周期自相关如图 5.3 所示，改变初值为 $x_0=0.2001$，$y_0=0.1001$ 时，两个混沌序列的互相关特性如图 5.4 所示。可见其具有很好的密码学所需要的相关特性。

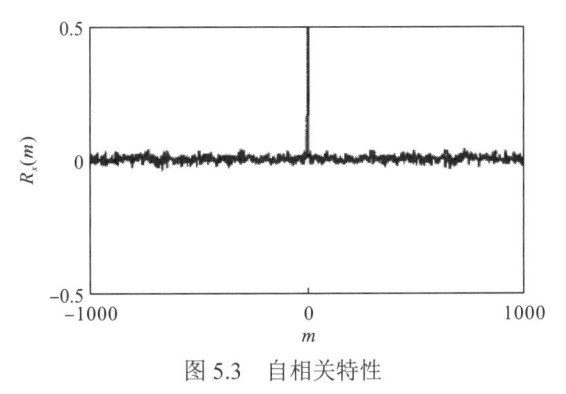

图5.3 自相关特性

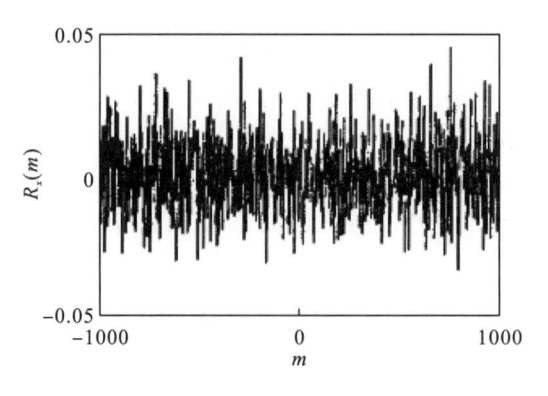

图 5.4　互相关特性

为便于 Feistel 结构的设计及软件实现，将 Hénon 映射写为

$$x_{n+1} = bx_{n-1} + 1 - ax_n^2 = F(x_{n-1}, x_n, z_{n-1}) \tag{5.4}$$

5.4　算法设计

本章采取如下的分组密码模式：以 32 位分组对数据加密，32 位一组的明文从算法的一端输入，32 位密文从另一端输出。密钥的长度是 64 位。假设明文为 $P = P_1 P_2 \cdots P_m$，对应的密文为 $C = C_1 C_2 \cdots C_m$，这里 m 是分组个数。密钥为 $K = K_1 K_2 \cdots K_n$，$n = 8$。

5.4.1　基于 Hénon 映射的 Feistel 结构设计

图 5.5 所示为 Feistel 结构图，也就是一轮加密变换的轮函数。图中，L_{i-1} 和 R_{i-1} 分别表示当轮密文 C_{i-1} 的左半部分和右半部分。函数 G 是利用 Hénon 映射产生的子密钥 Z_i，其过程描述如下。

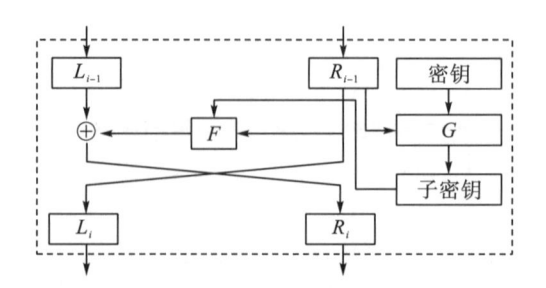

图 5.5　基于 Hénon 映射的 Feistel 结构图

步骤1：根据式(5.5)、式(5.6)计算 X_s、N_s。

$$X_s = (K_1 \oplus K_2 \oplus \cdots \oplus K_n)/256 \quad (5.5)$$

$$N_s = (K_1 + K_2 + \cdots + K_n) \bmod 256 \quad (5.6)$$

步骤2：计算混沌系统[式(5.4)]的初始值 X 和混沌迭代次数 N。

$$X = (X_s + R_{i-1}/65536) \bmod 1, \quad N = \text{floor}(N_s + X \times 256)$$

步骤3：用 X 作为 Hénon 映射的初始值，迭代 N 次最后得到 X_N。

步骤4：计算子密钥：

$$Z_i = (\text{floor}(R_{i-1} \times X_N) \bmod 8) + 1$$

Feistel 结构中选用 GOST 算法[78]的 S 盒作为 F 函数，如表 5.1 所示。子密钥 Z_i 为 S 盒中输入的序号，在 GOST 中使用了 8 个不同的 S 盒，每个 S 盒是数 0～15 的一个置换，如 S 盒 1 定义为：4，10，9，2，13，8，0，14，6，11，1，12，7，15，5，3。在这种情况下，如果 S 盒输入为 0 则输出为 4，若输入为 1 则输出为 10，其他以此类推。

表 5.1 GOST 算法的 S 盒

S 盒	数															
S 盒 1	4	10	9	2	13	8	0	14	6	11	1	12	7	15	5	3
S 盒 2	14	11	4	12	6	13	15	10	2	3	8	1	0	7	5	9
S 盒 3	5	8	1	13	10	3	4	2	14	15	12	7	6	0	9	11
S 盒 4	7	13	10	1	0	8	9	15	14	4	6	12	11	2	5	3
S 盒 5	6	12	7	1	5	15	13	8	4	10	9	14	0	3	11	2
S 盒 6	4	11	10	0	7	2	1	13	3	6	8	5	9	12	15	14
S 盒 7	13	11	4	1	3	15	5	9	0	10	14	7	6	8	2	12
S 盒 8	1	15	13	0	5	7	10	4	9	2	3	14	6	11	8	12

5.4.2 算法详细描述

基于 Hénon 映射和 Feistel 结构的分组密码算法具体描述如下。

步骤1：假设 P_k 是第 k 个明文分组，那么应用 Feistel 结构对当前明文加密 R_k 次，然后输出对应的密文分组 C_k。如果 $k=1$，那么 $R_k=32$；如果 $k>1$，那么通过以下方法计算 R_k 的值。

(1) 假设 L^*_{k-1} 和 R^*_{k-1} 表示第 $k-1$ 个密文分组的左半部分和右半部分，长度为 16 bit；同时，假设 $L^*_{k-1,h}$ 和 $L^*_{k-1,l}$ 为 L^*_{k-1} 的高 8 位和低 8 位，$R^*_{k-1,h}$ 和 $R^*_{k-1,l}$ 为 R^*_{k-1} 的高 8 位和低 8 位。

(2)计算下列值：

$$\begin{cases} T_{k-1}^* = (L_{k-1}^* \oplus R_{k-1}^*)/65536 \\ X_s^* = T_{k-1}^* \bmod 1 \\ N_s^* = L_{k-1,h}^* \oplus L_{k-1,l}^* \oplus R_{k-1,h}^* \oplus R_{k-1,l}^* \\ X_N^* = L(X_s^*, N_s^*) \end{cases}$$

其中，X_N^* 表示用 X_s^* 作为 Hénon 映射的初始值，迭代 N_s^* 次最后得到的结果。

(3)计算 R_k。$R_k = 16 + \mathrm{floor}(X_N^* \times 16)$。

步骤 2：重复步骤 1，直到所有的明文都被加密。

解密过程与加密过程相似。

5.5 模拟仿真及分析

测试算法的性能，用两个不同类型、不同大小的文件进行加密和解密实验，记录有关的数据，同时与另外两个相似的混沌加密算法进行比较。

所用到的两个文件是：①文件 1：图像文件(Lenna.bmp，图 5.6)，大小为 134KB；②文件 2：Word 文件(.doc)，大小为 560KB。

所使用的三种算法分别是：①算法 1：Baptista 的算法[29]；②算法 2：Wong 的算法[30, 31, 33, 34]；③算法 3：本章提出的混沌加密算法。所有文件及算法都能顺利完成加密与解密，但所需要的时间与密文的分布等相关特性相差很大。

1. 加密时间分析

针对两个文件，运用三种算法进行加密，其结果的部分数据见表 5.2。从表中可以看出，本章所提算法最快，其次是 Wong 的算法，而 Baptista 的算法运行速度太慢，不适合加密现在广泛应用的多媒体文件，更不适于在互联网上运行。

表 5.2 运用三种算法对两个不同的文件加密后的部分统计数据

参数	算法 1 文件 1	算法 1 文件 2	算法 2 文件 1	算法 2 文件 2	算法 3 文件 1	算法 3 文件 2
加密时间/s	13.4	47.8	4.8	11.39	0.89	2.89
密文大小/KB	286	1120	286	1120	134	560

2. 密文大小比较

从表 5.2 中还可以看出，三种算法所得到的密文大小也不一样。前两种算法

第 5 章 基于 Hénon 映射和 Feistel 结构的分组密码算法

所得到的密文大小相同,这是因为它们加密一个 1B(8bit)的字符,其密文都是混沌系统的迭代次数,需要用 2B(16bit)来表示,所以其密文长度最少是明文的两倍。如果用这两种算法来加密一个多媒体文件(长度通常为几兆字节),其密文文件大小将达到十几兆字节,甚至几十兆字节,这是不可容忍的。本章所用算法其密文文件长度几乎与明文相同,只是在明文长度不是 32bit 的倍数时,密文要比明文长几比特(最多 7 个字符)。

3. 密文分布分析

密文分布是一个密码系统最重要的特性之一,它将直接影响密码系统的安全。一个分布不均匀的密文,往往是密码分析者进行唯密文攻击的首选入口[76]。为了更清晰地描述这一特性,用图像的直方图来表达。从图 5.6~图 5.11 可以看出,本章所提算法得到的密文在整个密文空间的分布都非常均匀。

通过计算三种算法所得密文的标准差,也可以很明显地看出其密文分布的偏离情况。计算公式为

$$\text{STD} = \sqrt{\frac{1}{n-1}\sum_{i=1}^{n}(c_i - \overline{c})^2} \tag{5.7}$$

图 5.6　明文图

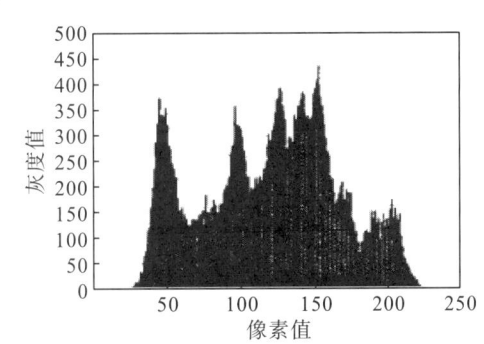

图 5.7　明文字符分布图

图 5.8　密文

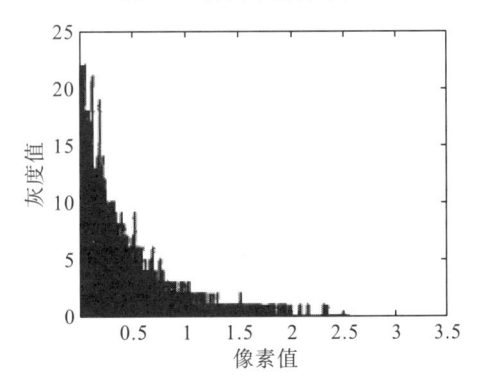

图 5.9　算法 1 密文分布

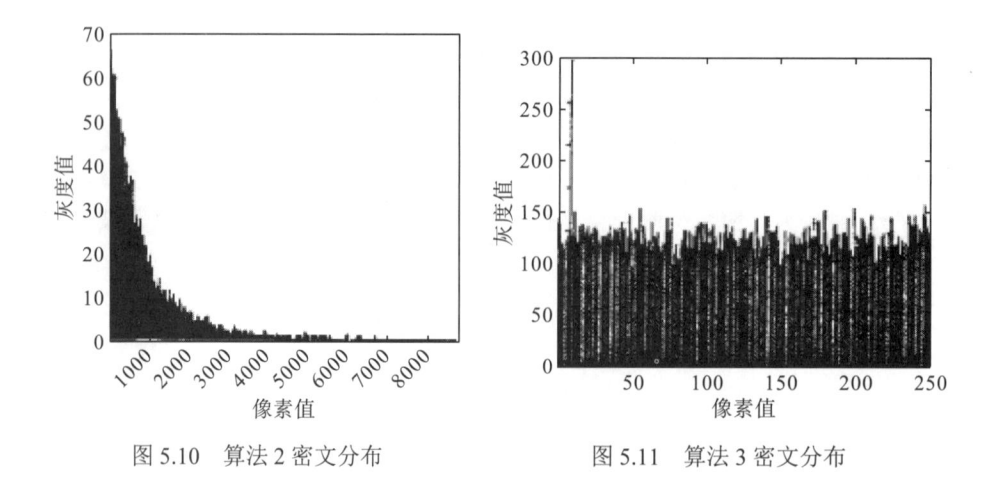

图 5.10 算法 2 密文分布　　　　　图 5.11 算法 3 密文分布

三种算法的计算结果分别为 2569.13、622.67 和 71.31，可见算法 1 的分散程度最大，算法 2 次之，而本章所提算法分散程度最小，与算法 1 相差 35 倍。

4. 密钥空间

本章提出算法的密钥长度为 64 位，如果不考虑混沌系统的结构和参数，那么该算法的密钥空间大小为 2^{64}。但是算法的 64 位密钥和混沌系统共同决定 S 盒的输入序号和加密的轮数，因此密码分析者必须知道 S 盒的输入序号和加密的轮数以及系统的密钥。在 S 盒公开的情况下，本算法的密钥空间相应增加到 $(2^3)^{32}=2^{96}$。由于本算法拥有足够大的密钥空间，因此对于抵抗穷举攻击具有重要的意义。

5. 混乱与扩散性能分析

混乱与扩散是设计分组密码的两条基本指导原则。混乱是指密文和明文之间的统计特性的关系尽可能复杂化，也就是混沌映射通过迭代，将初始域扩散到整个相空间。扩散是将每一位明文的影响尽可能地作用到较多的输出密文位中，同时，还要尽量使得每一位密钥的影响也尽可能迅速地扩展到较多的密文位中。其目的是有效隐藏明文的统计特性，也就是混沌系统的初始条件的敏感依赖性。通过混乱和扩散，可以有效地抵抗统计和抗差分攻击。

在传统分组密码算法中，置乱都是基于预先编排好的置换盒（如 DES 的 P 盒），它只是重新编排了明文分组排序，对加密过程中所要求的混乱和扩散特性的贡献非常小，以至于在差分和线性密码分析中都将其效果忽略不计。在本章所提算法中，加密的轮次和子密钥决定明文分组置乱效果，而加密的轮次和子密钥是基于混沌系统动态更新的，即与混沌系统的初始值和控制参数是紧密相关的，因此这种置乱是敏感地依赖于密钥且随机的,大大提升了密码系统的混乱与扩散特性。

5.6 本章小结

本章较详细地分析了 Hénon 映射的混沌特性和密码学特性,并根据这些特点,设计出一种基于 Hénon 映射和 Feistel 结构的分组密码算法。算法不同于传统分组密码算法(如 DES、HOST 等)的最大特点是:加密的轮数和子密钥是基于混沌系统动态更新的。同时,混沌系统的本质特性使得算法的复杂度极大提高,从而更难以分析和预测。实验结果也表明该算法具有较强的抵抗差分密码分析和线性密码分析的能力以及较高的安全性。

第6章 多级混沌图像加密算法

6.1 概　　述

由于图像本身具有数据量大、像素点之间高相关性和高冗余性等特点，所以不能用一般的文本加密算法来进行图像加密。混沌具有初始条件和参数敏感性、遍历性和混合性等优良特性，混沌图像加密是一种效率高、安全性好的图像加密方法[81-86]。

本章在充分考虑图像内在特性和混沌系统特性的基础上，提出一种基于二维混沌映射的多级混沌图像加密算法。首先用二维混沌映射对图像的像素位置进行扰乱，然后用混合混沌序列来隐藏图像明文和密文的相关性，因而该方法可以有效地抵抗统计和差分攻击。

6.2 算　法　描　述

对于任一图像 I，设 I 由 $N\times N$ 个像素点构成，且 $I(x,y)$ 表示像素点 (x,y) 的灰度值。二维混沌映射的多级分组图像加密算法的具体过程如下。

(1) 二维映射的选择和设计。在这一步中，选择二维的 Baker 混沌映射，然后引进一些参数对它进行改进。

(2) 对改进的映射进行离散化和规范化，以适合于图像的像素点空间置乱。

(3) 结合收缩式发生器，利用 m 序列和混沌序列产生混合混沌序列。

(4) 用混合混沌序列扩散图像的像素灰度值，以进一步提高安全性。

整个算法的过程如图 6.1 所示。

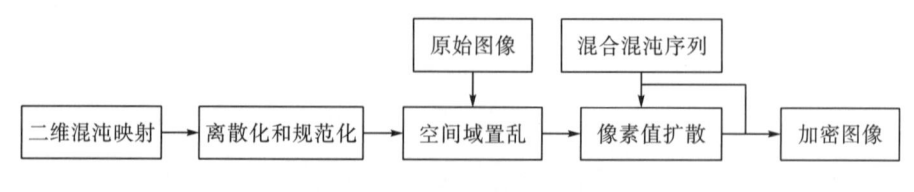

图 6.1　多级混沌图像加密流程

6.3 算 法 设 计

6.3.1 图像像素点空间置乱

通常情况下，对图像置乱有两种方式：一是直接对图像中各像素点的坐标位置进行线性或非线性变换；二是先对图像进行分块，再置乱。但由于分块后的置乱只在图像的局部进行，整体上置乱程度不高。线性变换中往往采用经典的 Arnold 变换 $A_N^k : Z_j \to Z_j$，其定义为

$$\begin{pmatrix} x_{n+1} \\ y_{n+1} \end{pmatrix} = \begin{pmatrix} 1 & 1 \\ 1 & 2 \end{pmatrix} \begin{pmatrix} x_n \\ y_n \end{pmatrix} (\bmod N) \tag{6.1}$$

这种变换具有周期性。例如，当 $N=60$ 时，周期为 60；当 $N=128$ 时，周期为 96。这种置乱变换是线性确定的，与密钥无关，安全程度也不高。因此，在本章所提算法中，根据混沌密码学的方法[50]，运用贝克(Baker)映射所产生的混沌序列，采用第一种方式对图像进行非线性置乱。

连续型的 Baker 映射是一种 $I \times I$ 的混沌双射：

$$\begin{cases} B(x,y) = (2x, y/2), & 0 \leqslant x \leqslant 1/2 \\ B(x,y) = (2x-1, y/2+1/2), & 1/2 \leqslant x \leqslant 1 \end{cases} \tag{6.2}$$

其作用效果如图 6.2 所示。为适合于图像处理，需要对其进行离散化和规范化处理。其方法如下：把图 6.3 所示的正方形划分成 k 个长方形，即 $[F_{i-1}, F_i] \times [0,1)$，$i=1,2,\cdots,k$，$F_i = p_1 + \cdots + p_i$，$F_0 = 0$，如 $p_1 + \cdots + p_k = 1$。那么用公式表述为

$$B(x,y) = ((x - F_i)/p_i, p_i y + F_i), \quad (x,y) \in [F_i, F_i + p_i) \times [0,1) \tag{6.3}$$

离散化和规范化结果符合以下渐近性质：

$$\lim_{N \to \infty} \max_{0 \leqslant i, j \in N} | f(i/N, j/N) - F(i,j) | = 0 \tag{6.4}$$

式中，f 为连续的 Baker 映射；F 为离散化的表达式。

设 $N \times N$ 的图像每边用整数 k 整除，分别用 $n_1, n_2, \cdots, n_k$ 表示，其中 $n_1 + \cdots + n_k = N$，$N_i = n_1 + \cdots + n_i$，离散化后的 Baker 映射如图 6.3 所示。对像素点 (r,s)，$N_i \leqslant r < N_i + n_i$，$0 \leqslant s < N$，经过一次 Baker 映射迭代后，其像素点坐标变换为

$$B_{(n_1,\cdots,n_k)}(r,s) = \left(\frac{N}{n_i}(r - N_i) + s \bmod \frac{N}{n_i}, \ \frac{N}{n_i}\left(s - s \bmod \frac{n_i}{N}\right) + N_i \right) \tag{6.5}$$

对莱纳(Lenna)图像用离散化、规范化后的 Baker 映射进行 1 次和 9 次变换的效果如图 6.4 所示。

图 6.2 连续 Baker 映射

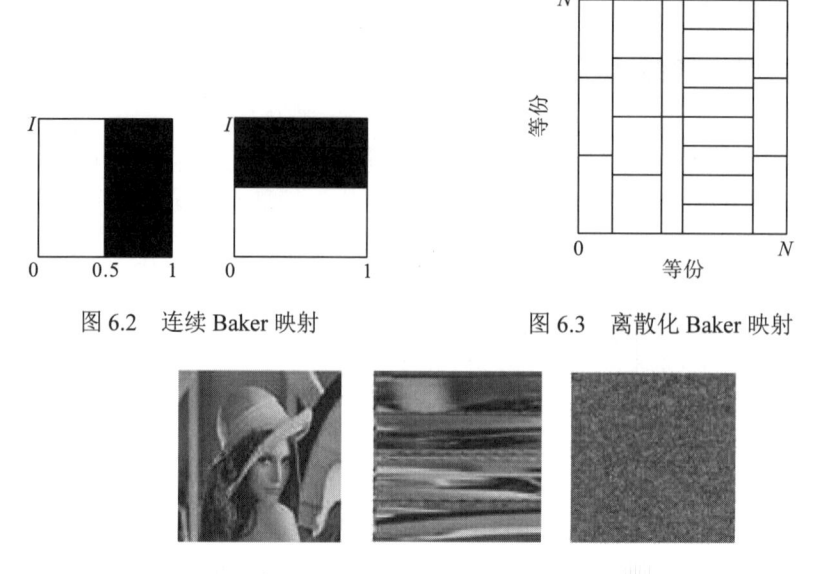

图 6.3 离散化 Baker 映射

图 6.4 Baker 映射对 Lenna 的变换效果图

6.3.2 像素值的扩散

混乱与扩散是设计密码的两条基本指导原则。上文的二维映射的非线性变换只是对图像的像素进行重新分布，并没有改变像素值，因此变换前后图像的直方图不会改变。为此，引入像素灰度值的扩散变换，进一步改变直方图。为了克服有限精度对混沌系统的影响，结合自收缩式密钥流生成器设计一种混合混沌序列，然后用这种序列对图像像素灰度值进行扩散变换。

1. 混沌序列的产生

给定的 Hénon 映射的方程为

$$\begin{cases} x_{n+1} = 1 - px_n^2 + y_n \\ y_{n+1} = qx_n \end{cases} \quad (6.6)$$

它是一个二维的非线性混沌系统，当 $1.050 < p < 1.085$、$q=0.3$ 时，系统产生混沌现象。该系统具有很多优良特性，在非线性研究领域，对 Hénon 映射的混沌特性的研究比较深入[79]。

2. 随机二进制序列的产生

从混沌系统中提取随机二进制序列的方法比较多[87]。为了提高系统的安全性，希望提取的方法是单向的、不可逆的，所得到的序列是随机的，最好还是统计独立且同分布的。

本章采用的方法中，将 Hénon 映射轨道的实数值 x（或者 y）写为

$$|x| = \cdot 0.B_1(x)B_2(x)\cdots B_i(x)\cdots, \quad B_i(x) \in \{0,1\} \tag{6.7}$$

第 i 个比特 $B_i(x)$ 可表示为

$$B_i(x) = \sum_{r=1}^{2^i-1}(-1)^{r-1}\Theta_{(r/2^i)}(x) \tag{6.8}$$

其中，$\Theta_t(x)$ 是阈值函数，定义为

$$\Theta_t(x) = \begin{cases} 0, & |x| < t \\ 1, & |x| \geq t \end{cases} \tag{6.9}$$

根据 Kohda 的证明，序列 $\{B_i(x_n(x))\}_{n=0}^{\infty}$（$n$ 为迭代次数）确实是独立同分布的随机二进制序列。

3. 混合混沌序列的产生

混沌序列的生成器在精度有限的硬件中实现，使得任何混沌序列最终是周期的。为了克服有限精度对混沌系统的影响，结合自收缩式密钥流生成器[88]，提出一种混合混沌序列的生成方法，图 6.5 所示为混合混沌序列生成的方框图。

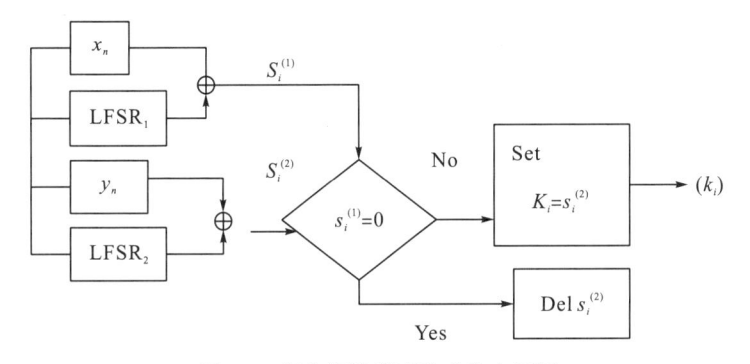

图 6.5 混合混沌序列生成的方框图

(1) 输入：两个线性反馈移位寄存器 LFSR$_1$ 和 LFSR$_2$ 的初态 $m_0^{(1)}$、$m_0^{(2)}$；Hénon 映射两个初值 x_0、y_0 和控制参数 p、q。

(2) 线性反馈移位寄存器 LFSR$_1$ 产生序列为 $\{m_i^{(1)}\}$。

(3) 线性反馈移位寄存器 LFSR$_2$ 产生序列为 $\{m_i^{(2)}\}$。

(4)给定初始值 x_0 和 y_0，Hénon 映射产生数字混沌序列为 $x_i^{(1)}$ 和 $y_i^{(2)}$。

(5)作运算 $s_i^{(1)} = m_i^{(1)} \oplus x_i^{(1)}, s_i^{(2)} = m_i^{(2)} \oplus y_i^{(2)}$。

(6)若 $s_i^{(1)} = 1$，则置 $k_i = s_i^{(2)}$；若 $s_i^{(1)} = 0$，则删去 $s_i^{(2)}$。

(7)输出：混合混沌序列 $\{k_i \mid i = 1, 2, \cdots\}$。

4. 像素值扩散

假设空间置乱后得到图像的像素值为 $I(i)$，混合混沌序列为 $\{k_i\}$，那么通过式(6.10)可以对当前的像素值进行扩散。

$$C(i) = \{k_i \oplus \{[I(i) + k_i] \bmod N\} \oplus C(i-1) \tag{6.10}$$

式中，$C(i)$ 为当前像素加密后得到的密文；$C(i-1)$ 为前一个像素的密文；N 为图像的颜色数，例如，对于 256 色数的图像，N=256。式(6.10)的逆变换为

$$I(i) = \{k_i \oplus C(i) \oplus C(i-1) + N - k_1\} \bmod N \tag{6.11}$$

因为前一像素点的密文 $C(i-1)$ 已知，所以 $C(i)$ 可以解密。

6.4 安全性分析和仿真实验

1. 密钥空间

此算法的密钥由以下部分组成：离散化和规范化后的 Baker 映射参数 $n_1, n_2 \cdots n_i$，Hénon 映射的参数 p、q 以及线性反馈移位寄存器级数。

表 6.1 给出了密钥空间的估算结果，结果显示总的密钥空间大小为 8.9×10^{10}，这里只是计算精度为 10^{-3}（相当于 10 bit）。实际上目前的计算机系统的计算精度远高于 10^{-3}，并且可以增大两个线性反馈移位器的级数[78]，相应地密钥空间会变得更大，拥有足够大的密钥空间，这对于抵抗穷举攻击具有重要的意义。

表 6.1 多级混沌图像加密算法密钥空间的估算

密钥组成	含义	取值范围	空间大小
$n_1, n_2, \cdots, n_i$	Baker 离散化参数	$(0, N)$	N
p	Hénon 映射	$(1.05, 1.085)$	0.08×10^3
q	Hénon 映射	$q=0.3$	1
$m_0^{(1)}$	LFSR$_1$	11	2.0×10^3
$m_0^{(2)}$	LFSR$_2$	12	4.0×10^3
总的密钥空间			8.9×10^{10}

2. 密文分布分析

一个分布不均匀的密文，往往是密码分析者进行唯密文攻击的首选入口[78]。为更清晰地描述这一特性，用图像的直方图来表达。从图 6.4 可以看出，本书所提算法所得到的密文在整个密文空间的分布都非常均匀。

3. 混乱与扩散性能分析

混乱是指密文和明文之间的统计特性的关系尽可能复杂化，也就是混沌映射通过迭代，将初始域扩散到整个相空间。扩散是将每一位明文的影响尽可能地作用到较多的输出密文位中，同时，还要尽量使得每一位密钥的影响也尽可能迅速地扩散到较多的密文位中。其目的是有效隐藏明文的统计特性，也就是混沌系统的初始条件敏感依赖性。通过混乱和扩散，可以有效地抵抗统计和抗差分攻击。为说明本书所提算法的混乱与扩散特性，分别对图 6.6 所示的图像进行加密，如图 6.7 和图 6.8 所示。

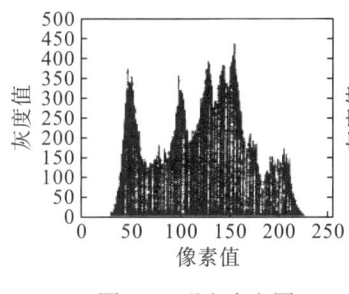

图 6.6　明文图　　图 6.7　明文直方图　　图 6.8　密文直方图

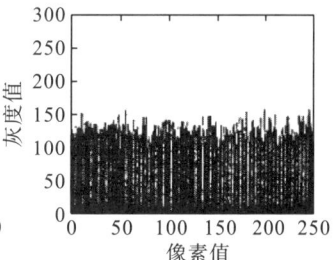

(1) 分析图像中水平相邻、垂直相邻和对角线相邻的两个像素相关性。选择 1000 对相邻的像素点，然后用式(6.12)、式(6.13)来计算其相关性：

$$\text{cov}(x,y) = E(x-E(x))(y-E(y)) \tag{6.12}$$

$$r_{xy} = \frac{\text{cov}(x,y)}{\sqrt{D(x)D(y)}} \tag{6.13}$$

式中，x、y 代表图像中相邻的两个像素点的灰度值。在数字计算中，用到以下离散公式：

$$E(x) = \frac{1}{N}\sum_{i=1}^{N} x_i \tag{6.14}$$

$$D(x) = \frac{1}{N}\sum_{i=1}^{N}(x_i - E(x))(y_i - E(y)) \tag{6.15}$$

$$C(x,y) = \frac{1}{N}\sum_{i=1}^{N}(x_i - E(x))(y_i - E(y)) \tag{6.16}$$

表 6.2 为图 6.6 所示的图像加密前后相邻的像素灰度值的计算结果，从计算结果可知，图像加密后相关性相差很大。

表 6.2　图像加密前后的相邻像素灰度值的相关性比较

项目	加密前图像灰度值相关性	加密后图像灰度值相关性
水平方向	0.95876	0.00196
垂直方向	0.96415	0.00067
对角线	0.91206	0.01158

(2) 明文的微小改变。将图 6.6 中坐标(120，1)处的像素值由 141 改为 142，所得密文差值的分布情况如图 6.9 所示。

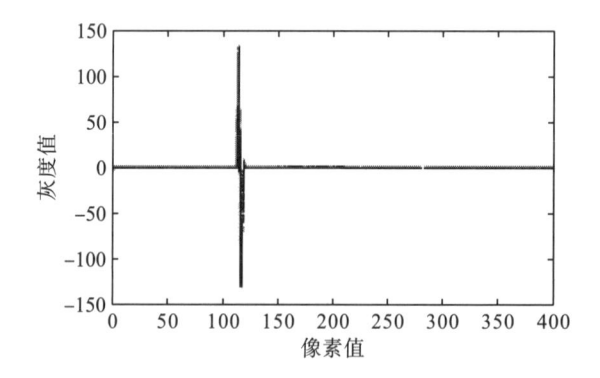

图 6.9　不同明文加密后的密文之间的差值

(3) 初始值的微小改变。混沌系统的初值改变量为 10^{-4} 时，对图 6.9 加密后其密文间差值的分布情况如图 6.10 所示。

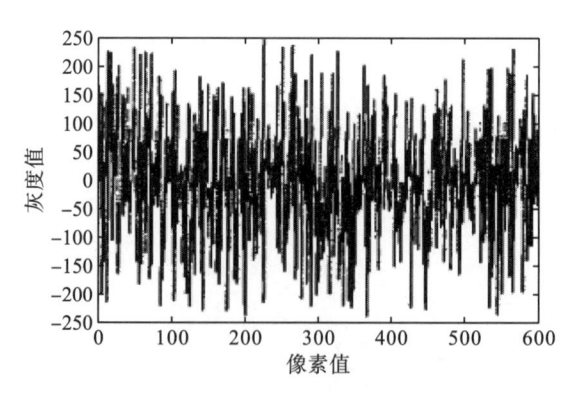

图 6.10　不同初值加密后的密文之间的差值

4. 加密时间分析

仿真实验表明，图像加密的平均速度达到 1.5MB/s，最快速度达到 2.5MB/s，表 6.3 所示为图像加密/解密速度测试结果。实验结果表明，本书提出的混沌多级图像加密算法速度令人满意。

表 6.3　加密/解密速度测试结果

图像大小/像素	加密时间/s	解密时间/s
256×256	<0.3	<0.3
512×512	1	1
1024×1024	2.5	2.5
2048×2048	12	12

6.5　本章小结

图像本身具有数据量大、像素点之间相关性高和冗余性高等特点，本章首先对二维的 Baker 混沌映射进行离散化和规范化，然后用它对图像的像素点进行空间置乱，同时结合收缩式密钥发生器，提出了混合混沌序列生成方法，然后用混合混沌序列对图像的像素灰度值进行扩散变换。同时，从理论上证明了其具有较强的抵抗差分密码分析和线性密码分析的能力以及较高的安全性，仿真实验的结果也证实了结论的正确性。

第 7 章 数字水印技术

7.1 数字水印的产生背景

随着信息时代的到来，媒体的数字化传播已成为可能。数字化的媒体具有强大的可移植性、高效性、快捷性及精确性。此外，网络的进一步发展与完善，使得系统间的互联变得容易，极大地方便了信息交换和资源共享，这种迅捷的信息传播与简易的操作改变着人们传统的工作与生活方式，但同时也带来了许多负面的影响，如侵犯版权、信息篡改等，开放性给知识产权保护及敏感信息的保密工作带来了极大的困难与挑战。近年来，国内外许多学者提出了一系列新的信息安全保护思想，特别是在知识产权保护、防篡改及信息内嵌注释等领域提出了崭新的防范与保护措施。

数字水印(digital watermarking)就是一种新的数字媒体保护技术，它是将特定的信息(如版权信息、秘密消息等)嵌入图像、语音、视频及文本文件等各种数字媒体中，已达到版权受到侵犯时举证、验证等目的。同时，这种信息对宿主媒体的影响不足以引起人们的注意，并且有特定的恢复方法，它对非法接收者应该是不可见和不可察觉的。

7.2 数字水印的研究现状

数字水印技术诞生于 20 世纪 90 年代初期，并已在 90 年代中后期逐渐成为数字媒体安全领域、多媒体领域的一个研究热点。van Schyndel 等[89]在 ICIP'94 会议上发表了题为"A Digital Watermark"的文章。这篇文章是第一篇在主要会议上发表的关于数字水印的文章，其中阐明了一些关于数字水印的重要概念，被认为是一篇具有历史价值的文献。

简单地说，数字水印是利用数字内嵌的方法把秘密信息(水印)隐藏在数字化媒体中，从而实现隐蔽传输、存储、标注、身份验证、版权保护等功能。其中，嵌入的水印可以是代表所有权的文字、产品所有者的 ID 代码、二维图像、视听音频信息、随机序列等。它主要用于版权保护、身份鉴定、复制保护和媒体跟踪，也可用于保密通信、多语言电影系统、网络访问权限控制及媒体附加信息等。

数字水印依据所嵌入的宿主媒体(音频、视频、图像)的不同,主要分为图像水印、音频水印、视频水印、文本水印和网络水印。对数字图像而言,数字水印又可分为可见水印和不可见(隐形)水印。对于可见水印,由于它在载体图像中的位置明显,很容易受到攻击者的破坏,稳健性较差,因而应用受到很大限制。相比之下,隐形水印具有更高的安全性和更强的稳健性,所以在应用中有着更好的前景。图像水印是目前数字水印研究的重点,很多图像水印技术对于音频及视频等其他形式的多媒体数据同样适用。

数字水印技术作为多媒体数字信息的版权保护和信息安全技术的有效方法,正受到广大理论研究者的密切关注,是目前信息安全技术研究领域的热点课题。国内外对该技术的研究都非常活跃,特别是在 IEEE 相关杂志、ACM 期刊、信息隐藏国际会议、多媒体技术会议等媒介中都有关于水印的文章发表。目前国外许多学者和学术机构正在做大量的研究工作。Caronni[90]提出了完整的跟踪图像非法传播系统;Tirkel 等也提出了一些数字图像水印的方法和思想,他们同样强调了图像水印的重要性并提出了一些新的应用;Tanaka 等[92]提出了视频隐形方法;日本国防研究院的 Matsui 等[93]提出利用扩频通信方法将数字水印隐藏于图像之中。在科研机构方面,美国麻省理工学院媒体实验室(MIT Media Lab)在这方面做了大量工作,他们的研究将信息隐藏于图像、声音和文本之中;IBM 公司在日本的研发中心专门有信息隐藏研究小组,同时,还资助麻省理工学院媒体实验室开展信息隐藏的研究;另外,还有一些大的公司也开展了一系列相关的研究工作,并开发出一些初级软件提供有关的版权保护服务。

国内关于信息隐藏的研究也正逐步展开,主要单位有中国科学院自动化研究所模式识别国家重点实验室、中国科学院计算技术研究所以及北京大学、浙江大学、上海交通大学、国防科技大学、复旦大学等多家科研机构与高等学府。国家 863 计划、973 计划、国家自然科学基金项目等都对数字水印的研究有资金支持。

目前对该领域的研究主要集中在以下三个方面[94-97]。一是水印生成技术,研究如何产生一个与作者或作品直接相关的信息(一般是一个随机信号),也可以是二进制、实数值的向量或者图像。根据所设计水印系统对安全程度的要求不同,还可以对其进行混沌加密、编码等处理。二是水印嵌入技术,研究如何嵌入水印信息才能达到鲁棒性和不可感知性等水印特征的要求,主要方法包括水印载体在空域或者变换域、混合域内对水印载体数值(灰度、颜色、变换系数等)进行修改,以嵌入水印信号。三是水印检测技术,研究如何从水印载体中有效地判断水印的存在性或者提取出可视的水印信息,主要方法有统计检测、相似性检测和水印提取等。

经过十多年的研究,国内外提出了各种各样的水印算法。不同的嵌入算法和检测算法以及嵌入强度，必定会有不同的性能，有的算法抗滤波能力较强，有的算法抗压缩能力较好。但是到目前为止，许多问题的研究尚处于初级阶段[94-97]。

(1) 水印技术的基本原理和基本方法有待进一步研究。例如，无论从信号处理理论还是从图像处理理论上，水印技术的理论模型、水印载体的信号容量计算分析等都缺乏深入的研究。

(2) 水印算法的性能比较分析。目前，水印技术的研究取得了很大进展，出现了许多优秀的水印算法。但是，对于算法的性能评价却没有一个标准可供参考。例如，水印的不可见性评价只是一个十分模糊的概念。为了衡量其隐蔽性，就需要建立一种与视觉特性相匹配的标准，这并不是一件容易的工作。同样，水印的鲁棒性评价也缺乏一个通用的标准，虽然已有 StirMark 等测试水印鲁棒性的软件，但要科学地评价算法的优劣还需要进行非常深入的研究工作。

(3) 水印作为所有权识别的不确定性问题尚未得到很好的解决。不确定的各种情况以及如何克服需要进一步研究。

(4) 对有意义水印的研究较少。通过几年的研究，数字水印技术取得了巨大发展，出现了包括文本、图像、图形、视频和音频等数字水印算法。在这些算法中，水印信息一般是一个随机信号(与作者或作品有关，可称为一维水印)，水印嵌入在时域或者变换域中进行，并且采用假设检验(相关检测)来检测被测试图像中是否含有水印信息。但是对于以图像等有意义信号为水印信息(可称为二维水印)的研究还是较少。这主要是因为这些信息数据量太大，如一幅 64×64 的图像，共有 4096B，如此大的信息是难以嵌入的。

尽管在数字水印技术领域的研究已经取得了相当大的进展，但要使水印真正商业化还有一定的距离。

目前水印技术的主要应用领域如下[95-98]。

(1) 版权保护。目前，版权保护可能是水印技术最主要的应用领域。其目的是嵌入数据的来源信息以及比较有代表性的版权所有者的信息，从而防止其他团体对该数据宣称拥有版权。这样水印就可以用来公正地解决所有权问题，但这种应用要求有非常高的鲁棒性。

(2) 盗版跟踪。为了防止非授权的复制制作和发行，出品人可在每个合法复本中加入不同的 ID 或者序列号，即数字指纹(digital fingerprinting)。一旦发现非授权的复本，就可根据此复本所恢复出来的指纹来确定它的来源。

(3) 复制保护。这种应用的一个典型例子是 DVD 系统。在该系统中，数据中的水印含有复制信息。一个符合要求的 DVD 播放器不允许重放或复制带有"禁止复制"水印的数据，而带有"一次复制"水印的数据可以被复制，但不允许从该复本再进一步制作复本。

(4) 图像认证。在鉴定应用中，使用水印的目的是对数据的修改进行检测。

通常可以用易碎水印来实现图像认证。认证水印与其他水印相比，对鲁棒性要求最低。

(5) 票据防伪。为了在需要时能够追踪伪造票据的打印机，可以在每一个打印机输出图像时嵌入能够标识打印机的序列号，作为伪造追踪的线索。

(6) 标题与注释。即将作品的标题、注释等(如一幅照片的拍摄时间、地点等)以水印形式嵌入作品中，这种隐式注释不需要额外的带宽，并且不易丢失。

7.3 数字水印的基本模型

从图像处理的角度看，嵌入水印信号可以视为在强背景下叠加一个弱信号，只要叠加的水印信号强度低于人眼视觉系统(human visual system，HVS)的对比度门限，就无法感觉到信号的存在。对比度门限受人眼视觉系统的空间、时间和频率特性的影响。因此，通过对原始图像作一定的调整，有可能在不改变视觉效果的情况下嵌入一些信息。从数字通信的角度看，水印嵌入可理解为在一个宽带信道(载体图像比)用扩频通信技术传输一个窄带信号(水印信号)。尽管水印信号具有一定的能量，但分布到信道中任一频率上的能量是难以提取检测到的。水印的提取检测则是一个有噪信道中弱信号的提取检测问题。

假设载体图像为 I，水印信号为 W，密钥为 K，则水印嵌入可用如下公式来描述：

$$I_W = F(I, W, K) \tag{7.1}$$

式中，F 为嵌入算法，水印的嵌入过程如图 7.1 所示。

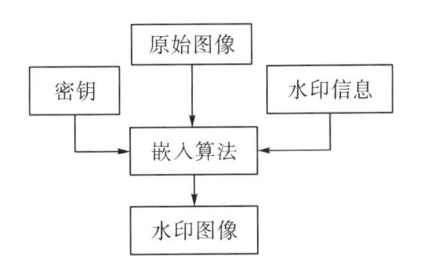

图 7.1 水印的嵌入

在某些水印系统中，水印可以被精确地抽取出来，这一过程称作水印提取，如图 7.2 所示。例如，在完整性确认应用中，必须能够精确地提取出插入的水印，并且通过水印的完整性来确认多媒体数据的完整性。如果提取出的水印发生了部分变化，最好还能够通过发生变化的水印位置来确定原始数据被篡改的位置。对于鲁棒水印，通常不可能精确地提取出插入的原始水印，因为一个应用如果需要鲁棒水印，说明这个应用很可能遭受到各种恶意的攻击，水印数据历经这些操作后，提取出的水印通常已经面目全非。这时需要一个水印检测过程，如图 7.3 所示。

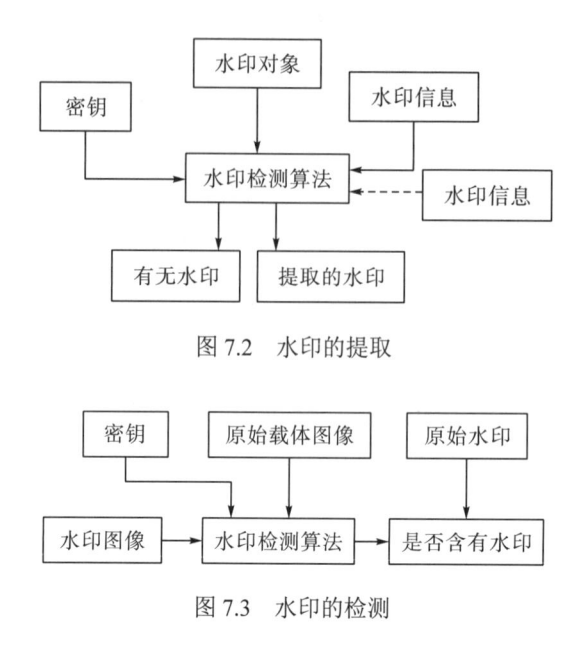

图 7.2　水印的提取

图 7.3　水印的检测

水印检测的第一步是水印提取，然后是水印判决。水印判决的通行做法是相关性检测。选择一个相关性判决标准，计算提取出的水印与指定的水印的相关值，如果相关值足够高，则可以基本断定被检测数据含有指定的水印。从以上论述可以看出，水印提取的任务是从嵌入水印的数据中提取水印信号，而水印检测的任务是判断某一数据内容中是否存在指定的水印信号。

7.4　数字水印的分类

从不同的角度，数字水印有不同的分类方法。按照水印的嵌入算法，数字水印可以分为空间域数字水印与变换域数字水印；按照水印是否可见，数字水印可以分为可见数字水印与不可见数字水印；按照水印的检测方法，数字水印可以分为秘密数字水印与公开数字水印、公钥数字水印与私钥数字水印；按照水印信号的载体，数字水印可以分为静止图像数字水印、视频水印、声音水印、文档水印等。

7.4.1 空间域数字水印

较早的数字水印算法从本质上来说都是空间域的，数字水印直接加载在数据上。它还可以细分为如下几种方法。

(1) 最低有效位(least significant bit，LSB)方法。这是一种典型的空间域数据隐藏算法。Tirkel 等[91]先后利用此方法将特定的标记隐藏于数字音频和数字图像内。该方法是利用原数据的最低几位来隐藏信息的(具体取多少位，以人的听觉或视觉系统无法察觉为原则)。LSB 方法的优点是有较大的信息隐藏量，但采用此方法实现的数字水印是很脆弱的，无法经受一些无损和有损的信息处理。而且，如果确切地知道数字水印隐藏在几位 LSB 中，数字水印很容易被擦除或绕过。

(2) Patchwork 方法及纹理块映射编码方法。这两种方法都是 Bender 等[99]提出的。Patchwork 法是一种基于统计的数字水印，其加载方法是任意选择 N 对图像点，在增加一点亮度的同时，降低另一点的亮度值。该算法的隐蔽性较好，并且对有损的 JPEG 和滤波、压缩、扭转等操作具有抵抗能力。但是仅仅适用于具有大量任意纹理区域的图像，而且不能完全自动完成。

(3) 文档结构微调方法。Brassil 等[100]首先提出了三种在通用文档图像中隐藏特定二进制信息的技术。数字水印信息通过轻微调整文档来完成编码，如垂直移动行距、水平调整字距、调整文字特性(如字体)等。基于此方法的数字水印可以抵抗一些文档操作，如照相复制和扫描复制，但也很容易被破坏，而且仅适用于文档图像类。

7.4.2 变换域数字水印

基于变换域的技术可以嵌入大量比特数据而不会导致可察觉的缺陷，往往采用类似扩频图像的技术来隐藏数字水印信息。这类技术一般基于常用的图像变换，基于局部或全部的变换，这些变换包括离散余弦变换(discrete cosine transform，DCT)、小波变换(wavelet transform，WT)、傅里叶变换(Fourier transform，FT)以及阿达马变换(Hadamard transform)等[101-106]。其中基于分块的 DCT 是最常用的变换之一，现在所采用的静止图像压缩标准(JPEG)也是基于分块 DCT 的。最早的基于分块 DCT 的数字水印技术之一见文献[89]，他们的数字水印方案是由一个密钥随机地选择图像的一些分块，在频域的中频上稍稍改变一个三元组以隐藏二进制序列信息。选择在中频分量编码是因为在高频编码易于被各种信号处理方法所破坏，而人的视觉对低频分量很敏感，对低频分量的改变易于察觉。该数字水印算法对有损压缩和低通滤波是稳健的。

Cox 等[107]提出了基于图像全局变换的数字水印方法，其重要贡献是明确提出加载在图像上的视觉敏感部分的数字水印才能有较强的稳健性。他们的数字水印方案是对整个图像进行 DCT，然后将数字水印加载在预先确定的范围内除去离散余弦分量的低频分量上，数字水印则是由高斯分布的一实数序列组成，数字水印加载在 DCT 系数上的强度即改变 DCT 系数的程度正比于相应的频率分量的信号强度(简单情况可用同一强度加载水印)。该算法不仅在视觉上具有数字水印的不可察觉性，而且稳健性非常好，可以经受有损的 JPEG 压缩、滤波、D/A 和 A/D 转换以及重量化等信号处理，也可以经受一般的几何变换如剪切、缩放、平移及旋转等操作，对照相复印和扫描等处理也具有较强的稳健性。

除了上述具有代表性的变换域算法，还有一些变换域数字水印方法，它们中有相当一部分都是上述算法的改进及发展，如 Zeng 等提出的算法[108]：基于静止图像的 DCT 或小波变换，视觉模型模块返回数字水印应加载在何处及每处可承受的恰好可察觉差别量值(加载数字水印的强度上限)，即他们的数字水印算法是自适应的。该算法在图像的视觉透明性和稳健性方面要优于 Cox 等的算法。

7.5 数字水印的攻击

在对水印系统进行性能评估的过程中，需要对水印系统进行一些攻击，以测试其性能。以下是几种常见的攻击[109-111]。

1. JPEG 压缩攻击

JPEG 是广泛用于图像压缩的压缩算法，任何水印系统处理的图像必须能够经受某种程度的有损压缩，并且能够提取出受到压缩后的图像中的水印。

2. 几何变形攻击

几何变形包括下列各种几何操作。
(1) 水平翻转。许多图像可以被翻转而不丢失数据，尽管对翻转的抵御很容易实现，但却很少有系统能真正摆脱这种攻击。
(2) 旋转。一般进行小角度的旋转(通常混有剪切)并不会改变图像的商业价值，但能使水印无法检测。
(3) 剪切。对图像进行剪切可以破坏水印，这对某些情况很有用，因为有时盗版者仅对有版权保护的原始图像的中间部分感兴趣。此外，越来越多的 Web 站点使用图像分割方法，这就产生了 Mosaic 攻击方法。

(4) 尺度变换。在扫描打印图像时或在将高分辨率数字图像用于 Web 发布时，常会带来尺度变换。尺度变换可以分成两类：一致尺度变换和非一致尺度变换。一致尺度变换是指在水平方向和垂直方向进行相同尺度变换，而非一致尺度变换是指在水平方向和垂直方向使用不同的尺度因子(即采用不同的比率)。通常的水印方法一般只能抵御一致尺度变换。

(5) 行列删除。此方法对于攻击在空间域上直接运用扩展频谱技术嵌入的水印十分有效。以伪随机序列(-1，1)等间隔删除 k 个采样点，将导致序列的相关峰度在幅度上变为原序列的 $1/k$。

(6) 广义几何变形。此方法是非一致尺度变换、旋转和剪切的综合。

(7) 随机几何变形。StirMark 软件中使用此方法。这种方法模拟了一幅图像经高质量打印机打印后再扫描进计算机所带来的噪声和畸变。具体地说，首先对图像进行微小随机量的几何变形，如轻微地拉伸、扭曲、平移和旋转等，然后采用双线性插值或者奈奎斯特插值方法进行重采样。在此过程中，对所有像素点通过一个传递函数引入微小的分布误差。

(8) 与 JPEG 结合进行几何变形。单独使用旋转、尺度变换并不够，它应和 JPEG 压缩结合起来，对水印技术进行测试。由于大多数情况下先对图像进行几何变换，然后再用压缩格式保存图像，这就使得测试水印系统对由压缩带来的几何畸变的鲁棒性很有意义。选择 JPEG 压缩因子是一个重要的问题，因为随着质量因子的减小，降质会迅速出现。实验表明，低于 74%的质量因子是合适的。

3. 增强处理攻击

(1) 低通滤波。包括线性和非线性滤波器。常使用的滤波器有中值滤波、高斯滤波和标准的均值滤波。

(2) 锐化。锐化处理属于标准图像处理，这种处理可以用作对水印系统的有效攻击，因为它们在检测由数字水印软件带来的高频噪声方面十分有效。更加细微的攻击是建立在拉普拉斯算子的基础上，最简单的方法是对加有水印的图像采用算子 $\hat{I} = I - a\Delta^2(\Delta^2 I - I)$ 进行处理，其中 a 是攻击强度。

(3) 直方图修正。包括直方图拉伸或者均匀化，直方图均匀化常用来对照明条件较差的图像进行补偿处理。伽马(Gamma)校正是一种经常使用的方法，常用来增强图像或调整图像使其符合实际情况，如在扫描后经常进行 Gamma 校正。

(4) 颜色量化。通常在用户将真彩色图像转换成 GIF 格式图像时使用，颜色量化通常需要进行抖动处理，这种处理扩散了由量化带来的误差。

(5) 复原。在图像处理中，复原技术常用来减小某些特定的降质过程带来的图像降质。采用此方法处理水印图像不需要知道水印系统噪声的先验知识。

4. 其他攻击

(1) 附加噪声攻击。在图像信号传送和处理过程中，存在大量的加性噪声和非相关的乘性噪声。许多水印系统能够抵御这类噪声，但存在一个可接受的干扰噪声的最高限度。

(2) 打印扫描攻击。这个过程将引入几何变形和类似噪声的畸变。

(3) 统计平均和共谋攻击。如果能够获得一幅图像的多个复本，但每幅图像带有不同的水印，则可以通过对这些图像进行平均或者取出所有图像的一小部分进行重新组合来去除水印。

(4) 嵌入多重水印。就是在已经加有水印的图像中再嵌入一个水印。

(5) Oracle 攻击。有时水印解码器是公开使用的，测试攻击者可以不断地对加有水印的图像作微小的修改直到水印解码器不能检测水印，以此来删除水印，此种攻击称为 Oracle 攻击。

7.6 数字水印的性能指标

评价一个数字水印系统的标准是多方面的，可以从以下几个方面来考察水印系统的性能。

1. 隐蔽性（也称不可感知性）

水印的存在不应明显干扰被保护的数据。水印的隐形性是相对于被保护数据的使用而言的。对于图像水印方法来说，加在图像上的水印不应干扰图像的视觉欣赏效果。主要采用峰值信噪比（peak signal-to-noise ratio，PSNR）来衡量水印方法的隐蔽性[110]，其计算公式如下：

$$\text{PSNR}(f,w) = 10\lg\left\{\frac{\max_{\forall(m,n)} f^2(m,n)}{\frac{1}{N_f}\sum_{\forall(m,n)}[f_w(m,n) - f(m,n)]^2}\right\} \qquad (7.2)$$

式(7.2)的单位为 dB；f 为宿主信号；w 为水印信号；f_w 为含水印的信号；(m,n) 为像素点；N_f 为图像总的像素数。一般而言，PSNR 值越大，图像质量保持就越好。

2. 鲁棒性

一个水印系统的鲁棒性是指它抵抗水印攻击能力的强弱。能否抵抗各种有意或者无意的攻击，是判断一个水印系统性能的重要指标。到目前为止，还没有一个算法能够真正经得住攻击者的任意进攻。应该指出，一个水印系统不可能经受住任意攻击，其抗攻击能力应视实际应用需要而定。

3. 确定性

确定性指水印所携带的信息能够被唯一地鉴别。即使遭到了一定的破坏，水印仍然能唯一确定地被鉴别。确定性的要求比稳健性更强。不管是有意还是无意的，对使用者来说在可以接受的破坏下，水印不但应继续存在，而且对它的鉴别不应该出现歧义。通常采用归一化相关系数(normalized correlation coefficient)衡量水印恢复的性能[112]。计算公式如下：

$$\rho(w,\hat{w}) = \frac{\sum_{i=1}^{N_w} w(i)\hat{w}(i)}{\sqrt{\sum_{i=1}^{N_w} w^2(i)}\sqrt{\sum_{i=1}^{N_w} \hat{w}(i)}} \tag{7.3}$$

式中，$w(i)$ 与 $\hat{w}(i)$ 分别为嵌入信号与提取信号；N_w 为水印长度。对于鲁棒水印系统，一般在有信号失真时，$\rho(w,\hat{w})$ 值越大越好；而对于脆弱型水印系统，则希望 $\rho(w,\hat{w})$ 值越小越好，这样有助于提高检测的可信度。

4. 安全性

数字水印的信息应是安全的，难以篡改或者伪造。水印具有较强的抗攻击能力，能够承受一定程度的人为攻击，而暗藏的水印不被破坏。

5. 盲检测

对于易损水印系统或者半易损水印系统，要求水印的检测必须是盲检测，否则没有任何意义。对于鲁棒水印，目前的水印方案基本是非盲检测水印方案，如当前最流行的扩谱水印方案。盲检测水印方案的公证机构不需要对原始图像注册，因而更具优越性。

6. 虚/漏检率(probability of false positive or negative)

水印检测的结果依赖于一个阈值，当相关性检测的结果超过这个阈值时，给出含有指定水印的结论。这实际上是一个概率论中的假设检验问题。当提高相关性检测的阈值时，虚检(false positive)概率降低，漏检(false negative)概率升高；当降低相关性检测的阈值时，虚检概率升高，漏检概率降低。虚检就是将没有水印信号的数据误认为含有水印信号。漏检就是未能从含有水印信号的数据中检测到水印信号。在实际的水印应用中，这两种错误概率在所有水印算法中都会发生，需更加注重对虚检概率的控制。

7.7 数字水印算法设计中需要考虑的因素

数字水印算法设计中应考虑以下因素。

(1) 有源或无源提取水印。提取分有源提取和无源提取两种，必须利用原始数据的水印提取称为有源提取，反之是无源提取。有源提取比较容易实现，而且可使水印信号鲁棒性更好，但在很多情况下，原始数据很难得到，即使得到也会因为容量太大（如音频、视频信号）而无法实际利用。因此，设计有效的无源提取技术是很必要的。

(2) 内嵌信息量（水印的位率）和内嵌的强度（水印的能量）的要求。一般情况下，嵌入载体数据中的水印信号含有序列号或作者签名的编码，信息量较小。但在有些情况下，如语音信号，需要嵌入的水印信息量较大，相应的水印算法就需要有内嵌容量大、鲁棒性好等特点。另外，对水印强度的要求，使水印的鲁棒性和知觉透明性成为一对矛盾特性，鲁棒性要求增大信号的内嵌强度，而这将使图像的视觉质量下降。因此，水印算法必须折中考虑内嵌强度和图像质量的要求。

(3) 安全问题与密钥的使用。对于不同的应用，密钥的管理状况有很大差别。很明显的例子是公钥水印系统，如 DVD，与此相对的是用于版权保护的私钥水印系统。

7.8 本章小结

本章介绍了数字水印的概念、发展现状、攻击种类和应用，归纳并总结了数字水印系统的组成和分类，给出了数字水印的性能指标，最后提出了在设计使用水印系统时需要解决和注意的问题。

第8章 带密钥的混沌数字水印算法

8.1 概　述

数字水印作为一种解决数字产品版权问题的有效手段，近年来得到了人们的广泛关注，并逐渐成为一个研究热点。一个有效的数字水印技术必须具备一些基本特征：安全性、鲁棒性、不可感知性等[113]。水印的不可感知性与鲁棒性是一对矛盾，解决这一矛盾的有效途径之一就是充分利用人眼视觉系统(human visual system，HVS)中的屏蔽特性。

数字水印技术包括空间域和变换域两种方式。把水印嵌入在变换域上有助于增强数字水印的安全性、鲁棒性、不可感知性。常用的变换域方法有三种：DFT、DCT 和 DWT。由于小波变换良好的时频局部特性具有与 HVS 屏蔽特性极其相符的变换机制，同时，随着 JPEG2000 和 MPEG-4 中小波变换的采用并占据重要地位，DWT 水印算法具有广阔的前景。越来越多的研究人员开始重视 DWT 水印算法的研究，并且也提出了大量的数字水印算法，其中最著名的是 Cox 等[114]提出的水印嵌入算法。在该算法中，水印被嵌入在 DWT 变换系数上。然而这种算法并没有考虑人类视觉效果，所以，目前已经提出了许多的改进算法。本章在分析混沌系统和离散小波变换的特性基础上，提出一种带密钥的混沌数字水印算法。

8.2 带密钥的混沌数字水印嵌入技术

8.2.1 多级 DWT

图 8.1 所示是对 Lenna 图的二级 DWT，第一级分解分别得到了四个子带，即低频子带[LL_1，在图 8.1(b)中又对它进行了第二级分解]、高频子带(HH_1)、低-高频子带(LH_1)、高-低频子带(HL_1)。由于子带 LL_1 包含了图像的大部分重要信息，根据人眼视觉系统特性，如果把水印嵌入在这个子带上，水印的不可感知性较差，很可能降低图像的视觉质量。同样，如果把水印嵌入在子带 HH_1

上，嵌入水印的图像在进行低通滤波和有损压缩时，水印的鲁棒性较差。所以，本算法将把水印嵌入在 LH_1 和 HL_1 两个子带上。

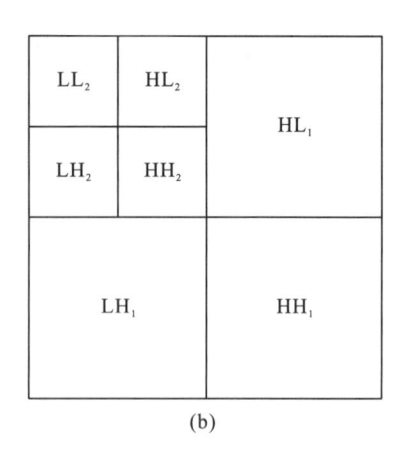

图 8.1　Lenna 图的二级 DWT 分解

8.2.2　Logistic 映射及其在数字水印算法中的应用

Logistic 映射是最为常见的一种离散系统的混沌模型，其定义为

$$x_{n+1} = rx_n(1-x_n), \quad x_n \in [0,1], r \in (0,4) \tag{8.1}$$

当 r 从 0 逐步变大时，式(8.1)所示的动力系统从一个不动点(周期 1)到两个不动点(周期 2)……直至 n 个不动点(周期 2^n)，随着 r 的增大，大量的倍周期分支出现在越来越窄的 r 的间隔中，这种周期倍化的过程是没有限制的，但相应的 r 有一个极限值，即 $r_\infty = 3.569945672$。当 $r \to r_\infty$ 时，周期无限长，即可视为非周期，此时整个系统处于混沌状态。当 $r>4$ 时，系统是不稳定的。因此，$r_\infty \leqslant r \leqslant 4$ 为系统的混沌区，其分岔图如图 8.2 所示。

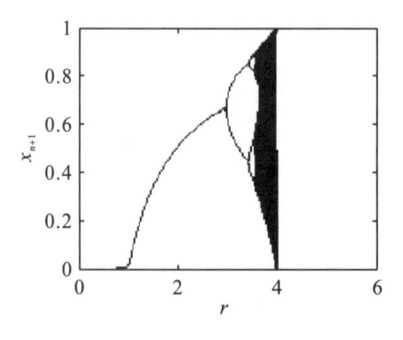

图 8.2　Logistic 分岔图

Logistic 映射产生的序列 $\{x_n\}$ 对初值非常敏感，且初始条件的任意小的改

变，都会产生几乎完全不同的混沌序列。同时，Logistic 映射轨迹在区间[0, 1]内是稠密的。在本章中，将用 Logistic 映射来产生构成子图所需要的图像块。

8.2.3 水印的嵌入/提取过程

由于对图像的局部区域进行攻击会对图像的小波系数产生很大的影响，所以为了降低这种局部攻击所产生的影响，本章的数字水印嵌入算法把小波变换作用在原始图像的一个子图上。因此，算法首先将构造原始图像的子图。

为了实现一个公开算法的水印嵌入/提取技术，需要利用公开密钥算法对原始图像进行加密。但是，在对一个加密后的图像嵌入噪声（水印实际上也是一种噪声）时要仔细考虑，因为在解密后，这些噪声将会扩散开来进而严重影响图像的质量，所以不能对整个原始图像进行加密后再嵌入水印。结合 8.2.2 小节的分析，将在嵌入水印之前对原图子图的 LH_1 和 HL_1 两个子带进行加密。

算法的实现框图如图 8.3 所示。

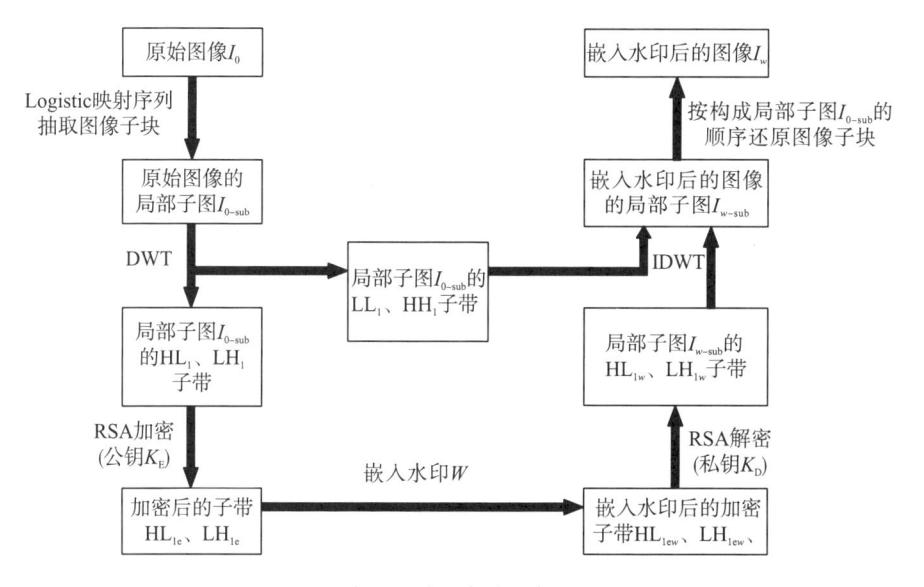

图 8.3 水印的嵌入框图

水印嵌入过程如下（为了叙述方便，设原始图像的大小为 256 像素×256 像素）。

（1）构造原始图像 I_0 的局部子图 I_{0-sub}（图 8.4 所示为局部子图的构造过程）。其方法如下。

①用 8.2.1 小节的 Logistic 映射产生一个包含 1024 个不同元素的混沌序列，并对这 1024 个不同元素按其值在序列中的大小进行编号。

②按行序把原始图像分成 8 像素×8 像素的互不重叠的小块并按顺序编号，

共有 1024 个小块。

③根据①产生的前 256 个编号，从②中选出相应的小块构成 16 像素×16 像素小块的子图 I_{0-sub}。

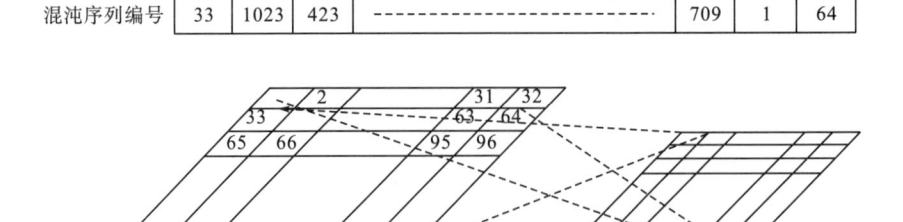

| 混沌序列编号 | 33 | 1023 | 423 | -------- | 709 | 1 | 64 |

图 8.4　局部子图的构造

(2) 对子图 I_{0-sub} 进行 DWT，得到用于嵌入水印的两个子带 LH_1 和 HL_1。

(3) 采用 RSA 加密算法(公开密钥 K_E)对子带 LH_1 和 HL_1 进行加密，得到两个加密后的子带 LH_{1e} 和 HL_{1e}。

(4) 把水印(为了下面叙述方便，记为 W)嵌入在两个经加密的子带 LH_{1e} 和 HL_{1e} 上，得到嵌入水印后的加密子带 LH_{1ew} 和 HL_{1ew}。

水印可以是一幅图片，也可以通过 Logistic 映射产生的混沌序列经希尔伯特(Hilbert)扫描生成，这样水印有更好的鲁棒性。本章的水印 W 就是用后一种方法产生的。水印的嵌入规则如下：

$$X'_{LH_1} = X_{LH_1} + \alpha W \\ X'_{HL_1} = X_{HL_1} + \alpha W \tag{8.2}$$

式中，X 和 X' 分别为水印嵌入前后的小波变换系数；α 为水印嵌入的强度因子，用来调节水印嵌入的强度。

(5) 采用 RSA 加密算法(私钥 K_D)对嵌入水印后的加密子带 LH_{1ew} 和 HL_{1ew} 进行解密，得到两个解密后的嵌入了水印的子带 LH_{1w} 和 HL_{1w}。

(6) 进行逆离散小波变换(inverse discrete wavelet transform，IDWT)，得到嵌入水印后的子图 I_{w-sub}。

(7) 把子图 I_{w-sub} 按行序分成 8 像素×8 像素的互不重叠的小块，按构成子图 I_{0-sub} 的顺序把小块放回到原始图像的原来的位置。这样就得到嵌入了水印的图像 I_w。

采用上述过程的逆过程可以很容易地把水印提取出来。

8.2.4 水印的验证方法

嵌入水印的图像在经历一些处理、变换或恶意攻击后,检测到的水印可能不会与嵌入的水印完全相同。这时,需要给出一个标准来判定水印信息存在与否。本章采用检测到的水印与原始水印的相关性作为衡量标准来进行判决,其公式如下:

$$r = \frac{W \times W'}{\sqrt{W^2 \times (W')^2}} \tag{8.3}$$

根据事先制定的阈值 T_w,判断提取的水印是否为源水印 W。阈值 T_w 的选取是一个典型的参数估计问题,可以通过实验得到。

8.3 实验与分析

在实验过程中,原始图像采用 256 像素×256 像素的灰度图像 Lenna 图,用 MATLAB 提供的 db4 进行 DWT 以得到各子带的小波系数。

8.3.1 视觉质量

从式(8.2)可以看出,嵌入水印后的局部子图的小波系数与强度因子 α 是线性相关的,强度因子 α 直接影响了嵌入水印后图像的视觉质量,工程上通常使用 PSNR 来量化嵌入水印后图像的质量。图 8.5(b)所示是在 $\alpha = 5.5$ 和混沌初值 $i_{seq} = 0.163$ 时得到的嵌入水印后的视图,从视觉上已经很难区分它和原始图像。为了评价本章提出的算法的一般性能,实验针对不同的 α,得到 PSNR 的值,如表 8.1 所示。

(a) 原始图像　　　　(b) 嵌入水印后的图像

图 8.5　原始图像及嵌入水印后的图像

表 8.1　强度因子 α 与 PSNR 的关系

	\multicolumn{10}{c}{α}
	2.5	3.0	3.5	4.0	4.5	5.0	5.5	6.0	6.5	7.0
PSNR	47.88	46.12	44.08	43.09	42.85	41.86	41.00	40.21	39.49	38.82

实验结果表明，PSNR 的值随着强度因子 α 的增大而降低。实验还发现：当 $\alpha \leqslant 2.0$ 时，很难检测到水印的存在；当 $\alpha \geqslant 8.0$ 时，图像嵌入水印后其视觉质量较差，如图 8.6 所示。因此，在实际使用中应该选择一个较合理的水印强度因子，使其既能较好地嵌入水印信息，又能有较好的图像质量。

(a) 原始局部子图　　(b) 嵌入水印后的加密局部子图

图 8.6　嵌入水印前后的局部子图

8.3.2　抗攻击能力

下面来看看两种最常用的攻击方式，即剪切和旋转。

很明显，图像剪切会移除一部分水印信息。在这种情况下，能正确地检测到水印的存在是非常重要的。实验结果表明，用本章提出的算法，对给定的阈值 T_w，分别对图 8.5(b) 所示剪切掉 96 像素或旋转 20°，仍能检测到水印的存在。剪切后的图片如图 8.7 所示(被剪掉部分插入 0 值)，旋转后的图片如图 8.8 所示(旋转后空出部分也插入 0 值)。

图 8.7　对图 8.5(b) 剪切掉 96 像素　　图 8.8　对图 8.5(b) 旋转 20°

此外，实验表明，本章的算法对 JPEG 压缩和噪声攻击也有较好的鲁棒性。

从上述实验结果可以看出，本章的算法对抗几种常见的水印攻击方式都具有较好的鲁棒性和不可感知性。这主要有以下几个原因。首先，局部子图是通过混沌映射得到的，它具有良好的类随机特性。其次，水印被嵌入在变换域上(DWT)，且这种变换是作用在原始图像的局部子图上的。最后，水印被嵌入在 DWT 处理后的两个子带 LH_1 和 HL_1 上，使得水印具有良好的不可感知性与鲁棒性。

8.3.3 安全性

由于在实现水印嵌入过程中采用了 RSA 公开密钥加密算法，所以本章实现了一种公开算法的数字水印嵌入算法。本章实现的水印是安全的，主要原因如下。

(1) 混沌的初值敏感性。不同的初值将会产生不同的局部子图 I_{o-sub} 和不同的水印 W，最终导致将不同的水印嵌入在原图的不同位置。因此，攻击者很难猜测到水印及水印嵌入的位置，从而难以实施攻击。

(2) 在嵌入水印之前分别对两个子带 LH_1 和 HL_1 进行 RSA 加密处理。在加密过程中，即使细微的噪声也会扩散到整个被加密的图像中。因此，对于攻击者来说，如果不知道私钥(K_D)，即使知道了混沌的初始值和水印嵌入方法，也很难对水印进行剔除、修改和破坏。因此本章实现了一种公开算法的数字水印嵌入算法，使得每个拥有被嵌入了水印的图片的人都可以对水印的存在性进行校验，但是只有那些拥有私钥的人才能提取出原始图片。

8.4 本章小结

本章在分析了混沌系统和离散小波变换的特性的基础上，提出了一种新的带密钥的混沌数字水印算法。该算法首先应用 Logistic 映射构造了一个原始图像的子图，其次把 DWT 作用在这个子图上得到两个子带 LH_1 和 HL_1，然后对这两个子带进行 RSA 加密并把水印嵌入在这两个子带上，最后通过 IDWT 重构子图，从而得到一个嵌入了水印信息的图像。实验结果表明，该算法具有较好的水印鲁棒性、安全性和不可感知性。从 8.2 节的水印嵌入过程也可以发现，整个嵌入过程中使用了一个全局的强度因子 α，而没有考虑不同的小波系数应该嵌入不同强度的水印，使用不同的强度因子，这正是以后需要进一步研究的方向。

第 9 章 基于共轭混沌映射的数字水印算法

9.1 概 述

从目前的水印算法来看,大多数算法抗几何变换的能力都比较弱,当载体图像被旋转、伸缩变换,尤其是空间域水印被剪切掉一半以后,所提取的水印信息已非常模糊[115],不满足水印的保真性要求。因此,抗几何变换的鲁棒水印算法是目前水印算法研究中的一个热点[115,116]。为了提高水印系统抗几何变换的能力,目前的算法大都是基于变换域的嵌入方法[116-118]。由于这种方法需要对图像进行 DCT 或 DWT,因此会影响算法的速度。

本章应用离散混沌动力学系统,针对图像数据的存储特点,设计一种基于共轭混沌映射(Logistic 映射和 Tent 映射)的数字水印算法,在空间域内对载体图像和水印信号进行变换处理,以提高水印系统的保密性和抗剪切能力。MATLAB 实验结果表明,在受到剪切 3/4 的强攻击情况下,所提取出的水印图像仍然比较清晰。因此,该算法具有较好的保密性和保真性,有很高的实用价值。

9.2 混沌映射的拓扑共轭

混沌现象是一种有界的、内在的随机过程,具有时间遍历性,这种过程既非周期性,又不收敛。任意相近的两点经过若干次混沌迭代之后,就会呈现指数发散,因此根据混沌序列很难确定混沌系统的初值和参数。另外,混沌轨道极其不规则,经过系统局部扩散、压缩、折叠之后,系统的输出类似于随机噪声。这些特点,都使得混沌映射很适合用于设计密码系统。

很多混沌映射具有拓扑共轭性质[50],例如 Logistic 映射与改进的 Logistic 映射、Tent 映射以及 Chebyshev 映射等具有拓扑共轭关系。这种拓扑共轭关系是一种等价关系,因此可以重点研究和分析其中的某几类混沌映射的性能。

定义 9.1 设 $x = h(\theta)$ 是连续、可逆的函数。对映射 $f(x)$ 作变换

$$g(\theta) = h^{-1}(f(h(\theta))) \tag{9.1}$$

称式(9.1)为映射 $f(x)$ 到 $g(\theta)$ 的拓扑共轭变换。

当 f 与 g 拓扑共轭时，记为 $f \sim g$。拓扑共轭关系是一种等价关系，满足下面三条性质。

(1) 反身性：f 与 f 是拓扑共轭的，即 $f \sim f$。
(2) 对称性：若 $f \sim g$，则 $g \sim f$。
(3) 传递性：若 $f \sim g$，$g \sim \phi$，则 $f \sim \phi$。

具有拓扑共轭关系的两个映射实际上是不同坐标表示下的同一种映射，因此拓扑共轭变换具有一些不变性质。

性质 9.1 如果映射 $f(x)$ 和 $g(\theta)$ 具有拓扑共轭关系，则 $g^{(n)} = h^{-1} \cdot f^{(n)} \cdot h$，即 f 的迭代与 g 的迭代仍然存在拓扑等价关系。

推论 9.1 设有一对满足拓扑共轭变换的映射 f 和 g，如果 f 有 n 周期轨道，则 g 也有 n 周期轨道，且两者具有相同的稳定性，即 Lyapunov 指数。

Logistic 映射：
$$f(x) = 4x(1-x), \quad x \in [0,1] \tag{9.2}$$

与 Tent 映射：
$$g(x) = \begin{cases} 2x, & x \in [0, 1/2] \\ 2(1-x), & x \in (1/2, 1] \end{cases} \tag{9.3}$$

具有拓扑共轭关系。

证明：考虑如下映射：
$$h(x) = \sin^2 \frac{\pi x}{2}, \quad x \in [0,1]$$

$h(x)$ 是 $[0,1]$ 到 $[0,1]$ 上的单调可逆映射，且
$$f \cdot h(x) = 4\sin^2\left(\frac{\pi x}{2}\right)\left(1 - \sin^2\left(\frac{\pi x}{2}\right)\right) = \sin^2(\pi x)$$

$$h \cdot g(x) = \begin{cases} \sin^2\left(\dfrac{\pi x \cdot 2x}{2}\right) = \sin^2(\pi x), x \in \left[0, \dfrac{1}{2}\right] \\ \sin^2\left(\dfrac{\pi x \cdot 2(1-x)}{2}\right) = \sin^2(\pi x), x \in \left[\dfrac{1}{2}, 1\right] \end{cases}$$

即 $f \cdot h(x) = h \cdot g(x) = \sin^2(\pi x)$，于是有 $g(x) = h^{-1} \cdot f \cdot h(x)$，根据定义 9.1 可知 $f(x)$ 与 $g(x)$ 是拓扑共轭的。

拓扑共轭映射的密度分布也有着密切的关系。由点数守恒条件
$$\rho_T(\theta)\mathrm{d}\theta = \rho_L(x)\mathrm{d}x$$

得到
$$\rho_L(x) = \rho_T(h^{-1}(x))\left|\frac{\mathrm{d}h^{-1}(x)}{\mathrm{d}x}\right|$$

注意 Tent 映射具有唯一不变的密度分布函数 $\rho_T(x)=1$，因为分布函数与初值无关，所以该映射一定是遍历的。又有

$$h^{-1}(x) = \frac{2}{\pi}\arcsin\sqrt{x}, \quad x \in [0,1]$$

于是得到 Logistic 映射的密度分布函数为

$$\rho_f(x) = \frac{1}{\pi\sqrt{x(1-x)}}, \quad x \in [0,1]$$

此外，Tent 映射的 Lyapunov 指数为 $\ln 2$，由拓扑共轭的性质可知 Logistic 映射的 Lyapunov 指数也为 $\ln 2$，与以下 Lyapunov 指数定义的计算结果相同。

$$\lambda_L = \lim_{n\to\infty}\frac{1}{n}\sum_{i=0}^{n}\ln|f'(x_i)| = \ln 2$$

利用概率密度函数，可以容易地计算出 Logistic 映射所产生的混沌序列的一些统计特性，如平均值：

$$\bar{x} = \lim_{N\to\infty}\frac{1}{N}\sum_{i=0}^{N=i}x_i = \int_{-1}^{1}x\rho(x)\mathrm{d}x = 0 \tag{9.4}$$

对于自相关函数 $\mathrm{ac}(m)$，当自相关间隔 $m = 0$ 时，

$$\begin{aligned}\mathrm{ac}(m) &= \lim_{N\to\infty}\frac{1}{N}\sum_{i=0}^{N=1}x_i^2 - \bar{x}^2 = \int_{-1}^{1}x^2\rho(x)\mathrm{d}x - 0 = \int_{-1}^{1}\frac{x^2}{\pi\sqrt{1-x^2}}\mathrm{d}x \\ &= \frac{1}{\pi[\arcsin x - 0.5(\pi\sqrt{1-x^2}+\arcsin x)]}\bigg|_{-1}^{1} = 0.5\end{aligned} \tag{9.5}$$

当自相关间隔 $m \neq 0$ 时，

$$\mathrm{ac}(m) = \lim_{N\to\infty}\frac{1}{N}\sum_{i=0}^{N=i}x_i x_{i+m} - \bar{x}^2 = \int_{-1}^{1}xf^m(x)\rho(x)\mathrm{d}x - 0 = 0 \tag{9.6}$$

式中，$f^m(x) = f(f\cdots f(x)\cdots)$。

独立选取两个不同的初始值 x_{01} 和 x_{02}，它们分别产生两个混沌序列的互相关函数为

$$\mathrm{ac}_{12}(m) = \lim_{N\to\infty}\frac{1}{N}\sum_{i=0}^{N=i}x_{1i}x_{2i+m} - \bar{x}^2 = \int_{-1}^{1}\int_{-1}^{1}x_1 f^m(x_1)\rho(x_1)\rho(x_2)\mathrm{d}x_1\mathrm{d}x_2 - 0 = 0 \tag{9.7}$$

式中，$f^m(x) = f(f\cdots f(x)\cdots)$。

从以上的统计特性可以看出，Logistic 映射在参数 $\mu = 4.000$ 时产生的混沌序列均值为 0，自相关是 δ 函数，互相关为 0，其概率统计特性与白噪声是一致的。

9.3 水印图像置乱

设 W 为 $N_1 \times N_2$ 的水印图像。为了使水印信号具有宽频特性并提高水印系统的保密性与鲁棒性，在水印被嵌入前，先对水印信号进行混沌加密。

借鉴混沌系统中的标准映射[119]：

$$\begin{pmatrix} x_{n+1} \\ y_{n+1} \end{pmatrix} = \begin{pmatrix} \mod(x_n + y_n, 2\pi) - \pi \\ y_n + p\sin(x_n + y_n) \end{pmatrix} \quad (9.8)$$

为了设计图像的置换变换，将式(9.8)推广成如下形式：

$$i' = \mod(i + \Phi(j), M), \quad j' = \mod(j + \Phi(i'), N) \quad (9.9)$$

其中 i、j、i'、j'、M、N 是整数，

$$\Phi(j) = \mod(i, \lfloor j.k1_n + 0.5 \rfloor, N), \quad \Phi(i') = \mod(i', \lfloor i.k2_n + 0.5 \rfloor, M) \quad (9.10)$$

式中，$\lfloor x \rfloor$ 表示取 x 的整数部分；$k1_n$、$k2_n$ 为第 n 置换操作的密钥；n 为进行置换操作的次数。式(9.10)的逆为

$$j = \mod(j' - \Phi(i'), N), \quad i = \mod(i' - \Phi(j'), M) \quad (9.11)$$

$k1_n$、$k2_n$ 是由共轭映射[式(9.2)和式(9.3)]产生的。利用式(9.8)可以对大小为 $M \times N$ 的图像进行置换加密操作，文献[120]已经证明了式(9.9)的逆映射[式(9.11)]的存在性，可用式(9.11)进行逆置换解密操作，所以算法是正确的。

9.4 载体图像加密

设载体图像的灰度等级为 L，$I(i,j)$ 表示 (i,j) 位置的灰度值，$I'(i,j)$ 表示进行灰度替代之后 (i,j) 位置的灰度值，$k1_n$、$k2_n$ 是由共轭映射[式(9.2)和式(9.3)]产生的伪随机序列，令 $S_n = k1_n + k2_n$，设计如下的灰度替代：

$$\begin{cases} I'(i,j) = k1_n \oplus (k2_n + I(i,j) \mod L), & S_n \text{为偶数} \\ I'(i,j) = k2_n \oplus (k1_n + I(i,j) \mod L), & S_n \text{为奇数} \end{cases} \quad (9.12)$$

式(9.12)的逆变换为

$$\begin{cases} I(i,j) = k1_n \oplus ((I'(i,j) - k2_n) \mod L), & S_n \text{为偶数} \\ I(i,j) = k2_n \oplus ((I'(i,j) - k1_n) \mod L), & S_n \text{为奇数} \end{cases} \quad (9.13)$$

式(9.12)可以对大小为 $M \times N$ 的图像进行灰度替代的加密操作，可用式(9.13)进行逆变灰度替代的解密操作，所以算法是正确的。

9.5 水印嵌入与提取

9.5.1 水印嵌入

设载体图像的灰度等级为 L，$I(i,j)$ 表示 $M_1 \times M_2$ 的载体图像 (i,j) 位置的像素值，n 表示混沌水印序列 w_n 的长度，$1 \leqslant n \leqslant N_1 \times N_2$，采用位平面算法，将水印信号嵌入第 a 位、$a+1$ 位和 $a+2$ 位，$a \leqslant \min(M_1 - N_1, M_2 - N_2)$。嵌入过程伪代码为

for i=0 to N_1-1
    for j=0 to N_2-1
        let $I(i,j) = \sum_{t=0}^{a+2} d_t \times 2^t$
        $no = a + b(2 \times i \times N_2 + 2 \times j) + b(2 \times i \times N_2 + 2 \times j + 1)$ $d_{no} = w(i,j)$
        $I^*(i,j) = \sum_{t=0}^{a+2} d_t \times 2^t$
    end
end

9.5.2 水印提取

对载体图像 I^* 运用与嵌入过程相同的置乱变换后恢复水印信号 w'，其方法与嵌入过程相似，只需作以下改动：

let $I^*(i,j) = \sum_{t=0}^{a+2} d_t \times 2^t$
    $no = a + b(2 \times i \times N_2 + 2 \times j) + b(2 \times i \times N_2 + 2 \times j + 1)$ $w' = d_{no}$

将提取出的水印信号 w' 解密即可得到近似于原始水印的水印信号 w^*。

9.6 实验与分析

9.6.1 水印检测

水印检测中，运用相似度来评价提取水印与原始水印的相似性，相似度采用下式计算。

$$\text{sim}(W,W^*) = \frac{\sum_{i=1}^{N} W(i)W^*(i)}{\sqrt{\sum_{i=1}^{N} W(i)^2}\sqrt{\sum_{i=1}^{N} W^*(i)^2}} \tag{9.14}$$

式中，W 与 W^* 分别为原始和提取的水印序列；N 为嵌入水印的长度。

当提取水印与原始水印相同时 sim=1，否则 sim<1。显然，sim 越接近 1 表明提取的水印越有效。图 9.1 和图 9.2 是水印检测的结果。按照嵌入算法将水印嵌入后，得到含水印的图像[图 9.1(c)]，与图 9.1(a)对比，说明算法具有很好的不可感知性，同时从含水印的图像中所提取的水印具有较好的安全性。

(a)原始图像　　(b)原始水印　　(c)含水印图像

图 9.1　嵌入算法的原始图、水印以及含水印图像

(a)从图9.1(c)中提取的水印　　(b)解密后的水印

图 9.2　提取水印及解密水印图

9.6.2　抗剪切

将含水印图像两边分别剪去 32 像素、64 像素、96 像素和 128 像素。检测时先用原始图像填充被剪切的部分，然后进行检测，从被剪切图像中提取的水印和原始水印的相似度值如表 9.1 所示。

表 9.1　从剪切的图像中提取水印和原始水印的相似度值

sim	剪切长度/像素		
	32	64	128
值	0.887	0.736	0.602

将含水印图像[图 9.1(c)]分别加噪声，高斯噪声值分别是 2 dB、4 dB 和 8 dB 的高斯噪声，得到图 9.3 的三幅图，然后从含噪声的水印图像提取水印，结果如

图 9.4 所示，表 9.2 是从噪声图像中提取的水印和原始水印的相似度值。

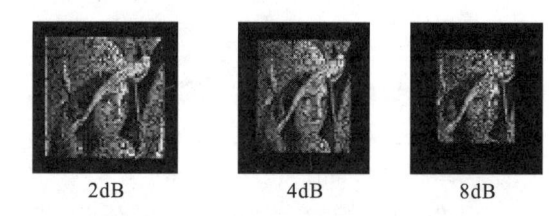

| 2dB | 4dB | 8dB |

图 9.3　从图 9.1(c)中剪切 32、64 和 128 像素

图 9.4　从含噪声的图像提取水印

表 9.2　从噪声图像中提取的水印和原始水印的相似度值

sim	高斯噪声强度/dB		
	2	4	8
值	0.842	0.696	0.621

9.6.3　抗 JPEG 压缩变换

将含水印图像 9.1(c)分别进行 JPEG 压缩变换，压缩比分别为 80、70 和 60。然后从经过 JPEG 压缩变换的水印图像提取水印，结果如图 9.5 所示，表 9.3 是从经过 JPEG 压缩变换图像中提取的水印和原始水印的相似度值。

| 压缩比80 | 压缩比70 | 压缩比60 |

图 9.5　经过 JPEG 压缩的水印图像提取水印

表 9.3　从经过 JPEG 压缩变换图像中提取的水印和原始水印的相似度值

sim	压缩比		
	80	70	60
值	0.897	0.675	0.598

9.7 本章小结

本章提出了一种空间域内基于共轭的抗剪切鲁棒水印算法。运用混沌动力学系统所产生的伪随机序列对水印信号进行混沌加密、对载体图像进行混沌密码变换，然后对水印进行嵌入，经过水印检测、剪切、压缩和添加噪声等实验，可以看出，该算法具有较强的保密性和抗几何攻击的能力。

第 10 章 小波、混沌和图像迭代在数字水印中的应用

10.1 概　　述

目前，数字水印技术在多媒体数字产品的版权保护上已经有了广泛的应用。数字水印的要求是嵌入水印应具有隐蔽性、鲁棒性和安全性。要获得较好的水印嵌入效果，关键在于水印的嵌入策略和检测方法。在小波域内的图像处理可以充分利用人眼视觉系统特性，而与传统的 DCT 处理相比又不会产生块效应。

本章提出一种基于混沌系统和小波变换的迭代混合数字水印算法，它直接把水印信息叠加在载体图像的低频部分。HVS 特性确保了嵌入水印的隐蔽性，而混沌系统的初值敏感性确保了嵌入水印的鲁棒性和安全性。

10.2　多级小波变换

根据马拉特(Mallat)的分析，小波变换实际上相当于镜像滤波器的作用。每次小波分解把 $f(t)$ 分解为长度各减半的一个低频分量和一个高频分量，而总的数据量未变，其中低频分量为平滑部分，高频分量为细节部分。

对于二维图像信号 $f(x,y) \in L^2(R^2)$，可以利用 DWT 分别作用于图像的行和列，经一级小波变换后形成四个子图，分别为：LL_1、LH_1、HL_1、HH_1。其中，LL_1 包含了图像的低频部分，LH_1、HL_1、HH_1 包含了图像的高频部分。保持图像的高频部分不变，对低频部分 LL_1 继续进行二级小波变换，形成 LL_2、LH_2、HL_2、HH_2 四个子图。如此继续，经过三级小波分解后，图像信息得到了很好的分类，其结果如图 10.1 所示。其中 LL_3 是图像的低频平滑子图，它包含了图像的大部分能量，LH_1、HL_1、HH_1 为包含了图像的高频细节的子图，而其余部分包含了图像的中频部分。

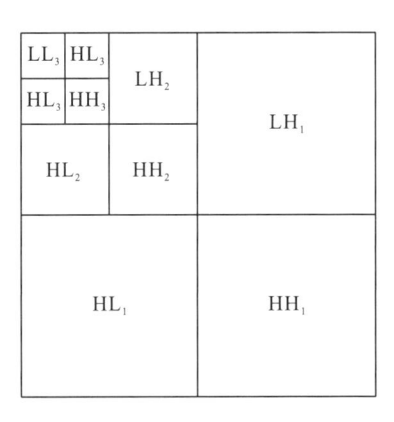

图 10.1 图像的小波分解树结构示意图

10.3 混沌动力系统与混沌序列

混沌运动具有通常确定性运动所没有的几何和统计特征。为了与其他复杂现象区别，一般认为混沌应具有非线性、遍历性、类随机性、整体稳定局部不稳定、对初始条件的敏感依赖性、轨道不稳定性及分岔、长期不可预测性、分形结构及普适性等方面的特征，它们之间有着密不可分的内在联系。

10.3.1 一维多参数非线性动力系统的基本原理

混沌现象是在非线性动力系统中出现的类似随机过程，一维多参数非线性动力系统定义如下：

$$x_{n+1} = f(x_n, \mu_i) \tag{10.1}$$

式中，$\mu_i (i=0,1,2,\cdots)$ 为参数，如果对每个 i 选取适当的 μ_i，就可以得到混沌序列 $\{x_n\}$。由于 $\{x_n\}$ 对初值非常敏感，且初始条件的任意小的改变，都会产生几乎完全不同的混沌序列，当初始条件 x_0 稍微出现一些偏差 δ_{x_0}，则经过 n 次迭代后，结果就会呈指数分离，故 n 次迭代后的误差为

$$\delta_{x_n} \left| f^{(n)}(x_0 + \delta_{x_0}) - f^{(n)}(x_0) \right| = \frac{\mathrm{d} f^{(n)}(x_0)}{\mathrm{d} x} \delta_{x_0} = \mathrm{e}^{L \cdot n} \delta_{x_0} \tag{10.2}$$

式中，$L = \dfrac{1}{n} \ln \dfrac{\delta x_n}{\delta x_0} = \dfrac{1}{n} \ln \left| \dfrac{\mathrm{d} f^{(n)}(x_n)}{\mathrm{d} x} \right|$ 称为 Lyapunov 特征指数，它描述了一个映射在平均意义上导数的渐近特性，即相邻两点之间的平均指数幅散率。

10.3.2　Logistic 映射

Logistic 映射是最为常见的一种离散系统的混沌模型，其具体定义和分岔图见 8.2.2 小节。

10.4　图像的迭代混合

设两幅尺寸为 $M \times N$ 的图像 F 和 G（F 是载体图像，G 是嵌入图像），称

$$S = \alpha F + (1-\alpha)G, \quad 0 \leqslant \alpha \leqslant 1 \tag{10.3}$$

为 F 和 G 的一个混合，当 $\alpha = 1$ 时，$S = F$；当 $\alpha = 0$ 时，$S = G$。为了估计 F 与 S 的误差，引入均方根误差（root mean square error，RMSE）。

$$\text{RMSE} = \left[\frac{I}{MN} \sum_{i=1}^{M} \sum_{j=1}^{N} [F(i,j) - S(i,j)]^2 \right]^{\frac{1}{2}} \tag{10.4}$$

为了估计 F 与 S 的保真度，引入峰值信噪比（PSNR）。

$$\text{PSNR} = \frac{M \times N \times \max\limits_{i,j} F^2(i,j)}{\sum\limits_{i,j} [F(i,j) - S(i,j)]^2} \tag{10.5}$$

RMSE 越小，说明两个图像之间的误差越小；PSNR 越大，说明两个图像越相像，混合图像的保真度就越好。

利用人眼的视觉特性，根据式(10.3)，把图像 G 隐藏到载体图像 F 中，得到一个混合后的图像 S，式(10.3)只是对两幅图像进行了单次迭代，依此方法，可以利用不同的参数，对两幅图像进行多次迭代混合，其过程如下。

选定一个参数系列 $\alpha = \{\alpha_i \mid i = 1,2,\cdots,n, 0 < \alpha_i < 1\}$，利用这些参数对 F 和 G 进行 n 次迭代混合：

$$S_1 = \alpha_1 F + (1-\alpha_1)G$$
$$S_2 = \alpha_2 F + (1-\alpha_2)S_1$$
$$\vdots$$
$$S_n = \alpha_n F + (1-\alpha_n)S_{n-1}$$

已经证明，经过 n 次迭代后，混合图像 S_n 单调收敛于原图像 F [1]，见式(10.6)，这正是隐藏水印所期望的。

$$\lim_{n \to \infty} S_n = F \tag{10.6}$$

10.5 基于 Logistic 映射和图像迭代的小波变换数字水印算法

1. 水印的生成

由于本章提出的水印是加在原图像的小波低频子图上的,因此水印的大小必须与所在的低频子图一致。水印可以是一幅图片(为了下面叙述方便,记为 W),也可以通过 Logistic 映射产生的混沌序列经佩亚诺(Peano)逆扫描生成,这样水印有更好的鲁棒性。

2. 水印的嵌入

算法的原理框图如图 10.2 所示。

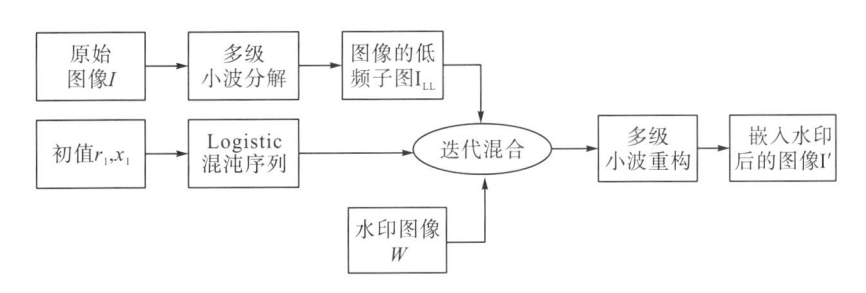

图 10.2 水印嵌入算法的原理框图

为了使算法描述简单,采用 512×512 像素的灰度图像作为原始图像,以 32×32 像素的图像 W 作为水印信息。算法的基本思想就是,将原始图像 I 经多级小波变换后得到的低频平滑子图(记为 I_{LL})作为嵌入水印的载体图像,把它与第一步的水印 W 进行迭代混合,得到混合后的 I'_{LL},然后通过多级小波重构,得到嵌入水印后的图像 I',从而实现水印的嵌入。

3. 水印的检测

只需做一个逆运算即可得到嵌入的水印图像,其检测过程如下。

(1)将嵌入水印后的图像 I' 和原始图像 I 分别进行与嵌入水印时一样多级次的小波分解,得到其低频部分 I'_{LL} 和 I_{LL},这正是水印嵌入时的混合图像和载体图像。

(2) 对 I'_{LL} 和 I_{LL} 利用文献[7]中的方法得到水印的提取公式：

$$W^* = \frac{I'_{LL} - \alpha I_{LL}}{1-\alpha} \tag{10.7}$$

式中，$\alpha = 1-\beta$，其中 $\beta = \beta_1\beta_2\cdots\beta_n$，$\beta_i = 1-\alpha_i$，$i=1,2,\cdots,n$，$\alpha_i$ 就是在进行图像迭代时的参数序列。

(3) 水印图像在经历一些处理、变换或恶意攻击后，检测到的水印可能不会与嵌入的水印完全相同。这时，需要给出一个标准来判定水印信息的存在与否。本章采用检测的水印与原始水印的相关性作为衡量标准来进行判决，其公式如下：

$$\sin(W^*, W) = \frac{\sum_i \sum_j W(i,j) \times W^*(i,j)}{\sum_{i,j} W^*(i,j)^2} \tag{10.8}$$

根据事先确定的阈值 T_1，判断提取的水印是否为源水印 W。阈值 T_1 的选取是一个典型的参数估计问题，可以通过实验得到。

10.6 实验与分析

实验分析如图 10.3～图 10.9 和表 10.1～表 10.3 所示。

图 10.3 原始图

图 10.4 水印图像

图 10.5 嵌入水印后的图像

图 10.6 不经攻击时检测到的水印

第 10 章　小波、混沌和图像迭代在数字水印中的应用

(a) 32像素　　(b) 64像素　　(c) 128像素

图 10.7　对图 10.5 剪切后的水印图像

表 10.1　图像剪切后水印的检测响应值

sim	剪切边长		
	448	384	256
值	0.8474	0.7639	0.6062

(a) 标准差1　　(b) 标准差4　　(c) 标准差16

图 10.8　对图 10.5 加入高斯噪声后检测到的水印

表 10.2　图像加入噪声后水印的检测响应值

sim	噪声标准差		
	1	4	16
值	0.8269	0.6848	0.5805

(a) 压缩比80　　(b) 压缩比20　　(c) 压缩比60

图 10.9　对图 10.5 进行 JPEG 压缩后检测到的水印

表 10.3　图像进行 JPEG 压缩后水印的检测响应值

sim	压缩比		
	85	75	65
值	0.8269	0.6848	0.5805

从上面的实验结果可以看出：

(1) 由于混沌系统的初值敏感性，在进行图像迭代时的参数序列的值及其序列长度是长期不可预测的，它直接决定了水印图像迭代的程度及其图像融合的效

果，从而确保了加入水印后的图像的质量和水印信息的安全性。

(2) 由于水印信息隐藏在原始图像的低频部分，以及人眼的视觉特性，确保了水印信息有较好的隐藏性。

(3) 根据水印检测的响应值可以看出，本章的算法对噪声叠加、低通滤波、JEPG 压缩都具有较好的抗攻击能力。

10.7　本　章　小　结

本章在分析了混沌系统和小波分解特性的基础上，提出了一种基于 Logistic 映射和图像迭代的小波变换数字水印算法。实验结果表明，该算法具有较好的水印隐蔽性、鲁棒性和安全性，这是由混沌系统和多级小波分解的特性决定的。根据本章提出的思想，可以进一步把不同的混沌序列水印隐藏在原始图像的不同低频部分，从而实现多数字水印算法。

第 11 章　总结与展望

随着计算机的普及和网络技术的发展，数字信息在世界范围内得到日益广泛的应用，数字产品的安全成为学术界和企业界所共同关注的热点。它既关系到国家的整体利益，也和每一个社会成员的个人利益息息相关。因此，研究数字产品的安全问题有着重大的理论意义和现实价值。

本书主要研究了几类混沌加密算法和数字水印算法，并取得了一些有意义的和有实用价值的研究成果。本书的内容大致可归纳为三个大的部分：混沌理论与数字水印技术；基于混沌理论的加密算法的分析与设计；基于混沌理论的数字水印算法的分析与设计。

本书在总结现有的混沌密码学研究成果的基础上，主要做了以下工作：

(1) 综述了国内外密码学和数字水印的研究现状，研究了现代密码学和数字水印技术的理论基础，并指出了目前的一些密码技术和数字水印技术存在的一些问题。

(2) 在分析了混沌系统和小波分解特性的基础上，分别提出了一种基于 Logistic 映射和图像迭代的小波变换数字水印算法和一种带密钥的数字水印算法，实验表明两种算法都具有较好的水印鲁棒性和安全性。

(3) 运用混沌动力学系统所产生的伪随机序列对水印信号进行混沌加密、对载体图像进行混沌密码变换，然后对水印进行嵌入，从而提出了一种空间域内基于共轭的抗剪切鲁棒水印算法，该算法具有较强的保密性和抗几何攻击的能力。

(4) 分析了 Hénon 映射的混沌特性和密码学特性，并根据这些特点，设计出了一种新颖的基于 Hénon 映射和 Feistel 结构的分组密码算法，分析表明该算法具有较强的抵抗差分密码分析和线性密码分析的能力以及较高的安全性。

(5) 在对几类基于混沌变换的加密系统进行深入的密码学分析的基础上，提出了一种对基于 3D Cat 映射的图像对称加密算法的改进方案，该方案通过改进的混沌序列的生成方式，在保持原来算法的密钥敏感性、抗统计攻击、差分攻击的同时，扩大了算法的密钥空间，提高了算法的抗选择明文攻击能力。

目前，混沌理论在信息安全领域的应用仍处在发展时期，还有一系列的理论问题和关键技术需要继续探索和解决。总结作者在研究和测试混沌加密算法中的体会，混沌密码学具有前景的研究方向应在以下几个方面。

(1) 混沌学和密码学的关系问题。虽然混沌学和密码学具有天然的联系及结构上的某种相似性，但是混沌学毕竟不等于密码学。要想使混沌密码学能够像经典密码学那样被广泛地认可和使用，就必须建立一套完整的混沌密码分析的评价标准，这需要密码学和混沌学两个领域的专家学者共同努力推动。

(2) 对各种混沌密码方案深入的密码学分析。密码编码学和密码分析学作为密码学的两个分支，总是相互依存、相互支持、不可分割的，对加密系统进行深入的密码学分析必将促使人们对原有方案进行改进创新，从而极大地推动混沌密码学的健康发展。

(3) 目前，利用混沌来构造公开密钥密码的研究成果还非常少，对这个方向的进一步深入研究是一件很有意义的事情。

(4) 将混沌用于保护数字图像、数字视频的安全。由于数字图像、数字视频的数据量巨大，自身有不同于一般文本信息的特点，所以经典密码技术往往难以胜任对它们的加密和解密工作。混沌密码技术为保障数字图像、数字视频的信息安全开拓了一片新的天地。未来的发展方向是需要把数字图像、数字视频的加密和解密工作与数据压缩技术集成起来，这里面还有不少的问题需要解决。

(5) 在设计混沌加密算法时，应将重点放在实现的效率上。

(6) 在数字水印领域，应该更好地把混沌的特性与图像本身的特性结合起来，寻找更加安全有效的数字水印嵌入技术。

上述几个方面只是作者在学习和研究过程中的个人体会，远远不能涵盖该领域的众多研究内容。

总的来说，本书在借鉴同行研究成果的基础上，进行了有益的探索和研究，取得了一定的拓展和创新，本书有助于丰富现代密码学和数字水印技术的内容，促进信息安全技术的发展，为数字产品安全系统的设计提供更多的思路和手段。虽然这些研究取得了一些可喜的进展，但仍存在一些重要的基本问题尚待解决，需在现有研究的基础上继续作进一步深入的研究。

参 考 文 献

[1] Schumacher H J, Ghosh S. A fundamental framework for network security[J]. Journal of Network and Computer Applications, 1997, 20(3): 305-322.

[2] 杨义先, 钮心忻, 任金强, 等. 信息安全新技术[M]. 北京: 北京邮电大学出版社, 2002.

[3] 王育民, 刘建伟. 通信网的安全—理论与技术[M]. 西安: 西安电子科技大学出版社, 1999.

[4] Schneier B. Applied Cryptography: Protocols, Algorithms and Source Code in C[M]. 2nd ed. New York: Wiley, 2015.

[5] Stinson D R. 密码学原理与实践[M]. 冯登国, 译. 北京: 电子工业出版社, 2003.

[6] Stallings W. 密码编码学与网络安全: 原理与实践[M]. 杨明, 等, 译. 北京: 电子工业出版社, 2001.

[7] Mao W B. 现代密码学理论与实践[M]. 王继林, 等译. 北京: 电子工业出版社, 2004.

[8] 杨波. 网络安全理论与应用[M]. 北京: 电子工业出版社, 2002.

[9] 陆启韶. 分岔与奇异性[M]. 上海: 上海科技教育出版社, 1995.

[10] 郝柏林. 从抛物线谈起: 混沌动力学引论[M]. 上海: 上海科技教育出版社, 1993.

[11] 陈式刚. 映象与混沌[M]. 北京: 国防工业出版社, 1992.

[12] Matthews R. On the derivation of a "chaotic" encryption algorithm[J]. Cryptologia, 1989, 13(1): 29-42.

[13] Pecora L M, Carroll T L. Synchronization in chaotic systems[J]. Physical Review Letters, 1990, 64(8): 821-824.

[14] Habutsu T, Nishio Y, Sasase I, et al. A secret key cryptosystem by iterating a chaotic map[M]//Lecture Notes in Computer Science. Berlin, Heidelberg: Springer Berlin Heidelberg, 2007: 127-140.

[15] Hale J K, Lunel S M V. Introduction to Functional Differential Equations[M]. New York: Springer, 1993.

[16] 舒斯特. 混沌学引论[M]. 朱鋐雄, 林圭年, 译. 成都: 四川教育出版社, 1994.

[17] Eckmann J P, Ruelle D. Ergodic theory of chaos and strange attractors[J]. Reviews of Modern Physics, 1985, 57(3): 617-656.

[18] Gopalsamy K, Leung I C. Convergence under dynamical thresholds with delays[J]. IEEE Transactions on Neural Networks, 1997, 8(2): 341-348.

[19] Liao X F, Wong K W, Leung C S, et al. Hopf bifurcation and chaos in a single delayed neuron equation with non-monotonic activation function[J]. Chaos, Solitons & Fractals, 2001, 12(8): 1535-1547.

[20] 彭军, 廖晓峰, 吴中福, 等. 一个时延混沌系统的耦合同步及其在保密通信中的应用[J]. 计算机研究与发展, 2003, 40(2): 263-26.

[21] Shannon C E. Communication theory of secrecy systems[J]. The Bell System Technical Journal, 1949, 28(4):

656-715.

[22] Kocarev L. Chaos-based cryptography: A brief overview[J]. IEEE Circuits and Systems Magazine, 2001, 1(3): 6-21.

[23] Fridrich J. Symmetric ciphers based on two-dimensional chaotic maps[J]. International Journal of Bifurcation and Chaos, 1998, 8(6): 1259-1284.

[24] Pecora L M, Carroll T L. Driving systems with chaotic signals[J]. Physical Review A, 1991, 44(4): 2374-2383.

[25] Bernstein G M, Lieberman M A. Secure random number generation using chaotic circuits[J]. IEEE Transactions on Circuits and Systems, 1990, 37(9): 1157-1164.

[26] Kocarev L, Jakimoski G, Stojanovski T, et al. From chaotic maps to encryption schemes[C]//ISCAS '98. Proceedings of the 1998 IEEE International Symposium on Circuits and Systems (Cat. No. 98CH36187). Monterey, CA, USA. IEEE, 1998, 4: 514-517..

[27] Gotz M, Kelber K, Schwarz W. Discrete-time chaotic encryption systems. I. Statistical design approach[J]. IEEE Transactions on Circuits and Systems I: Fundamental Theory and Applications, 1997, 44(10): 963-970.

[28] Dachselt F, Schwarz W. Chaos and cryptography[J]. IEEE Transactions on Circuits and Systems I: Fundamental Theory and Applications, 2001, 48(12): 1498-1509.

[29] Baptista M S. Cryptography with chaos[J]. Physics Letters A, 1998, 240(1-2): 50-54.

[30] Wong W K, Lee L P, Wong K W. A modified chaotic cryptographic method[J]. Computer Physics Communications, 2001, 138(3): 234-236.

[31] Wong K W. A fast chaotic cryptographic scheme with dynamic lookup table[J]. Physics Letters A, 298(4): 238-242.

[32] Palacios A, Juarez H. Cryptography with cycling chaos[J]. Physics Letters A, 2002, 303(5-6): 345-351.

[33] Wong K W. A combined chaotic cryptographic and hashing scheme[J]. Physics Letters A, 2003, 307(5-6): 292-298.

[34] Wong K W, Ho S W, Yung C K. A chaotic cryptography scheme for generating short ciphertext[J]. Physics Letters A, 2003, 310(1): 67-73.

[35] Jakimoski G, Kocarev L. Analysis of some recently proposed chaos-based encryption algorithms[J]. Physics Letters A, 2001, 291(6): 381-384.

[36] Álvarez G, Montoya F, Romera M, et al. Cryptanalysis of an ergodic chaotic cipher[J]. Physics Letters A, 2003, 311(2-3): 172-179.

[37] Li S J, Mou X Q, Ji Z, et al. Performance analysis of Jakimoski-Kocarev attack on a class of chaotic cryptosystems[J]. Physics Letters A, 2003, 307(1): 22-28.

[38] Álvarez G, Montoya F, Romera M, et al. Cryptanalysis of dynamic look-up table based chaotic cryptosystems[J]. Physics Letters A, 2004, 326(3-4): 211-218.

[39] Álvarez G, Montoya F, Romera M, et al. Keystream cryptanalysis of a chaotic cryptographic method[J]. Computer Physics Communications, 2004, 156(2): 205-207.

[40] Li S J, Chen G R, Wong K W, et al. *Baptista*-type chaotic cryptosystems: Problems and countermeasures[J].

Physics Letters A, 2004, 332(5-6): 368-375.

[41] Álvarez E, Fernández A, García P, et al. New approach to chaotic encryption[J]. Physics Letters A, 1999, 263(4-6): 373-375.

[42] García P, Jiménez J. Communication through chaotic map systems[J]. Physics Letters A, 2002, 298(1): 35-40.

[43] Álvarez G, Montoya F, Romera M, et al. Cryptanalysis of a chaotic secure communication system[J]. Physics Letters A, 2003, 306(4): 200-205.

[44] Li S J, Mou X Q, Cai Y L. Improving security of a chaotic encryption approach[J]. Physics Letters A, 2001, 290(3-4): 127-133.

[45] Álvarez G, Montoya F, Romera M, et al. Cryptanalysis of a chaotic encryption system[J]. Physics Letters A, 2000, 276(1-4): 191-196.

[46] Papadimitriou S, Bountis T, Mavroudi S, et al. A probabilistic symmetric encryption scheme for very fast secure communication based on chaotic systems of difference equations[J]. International Journal of Bifurcation and Chaos, 2001, 11(12): 3107-3115.

[47] Yen J C, Guo J N. A new image encryption algorithm and its VLSI architecture[C]//1999 IEEE Workshop on Signal Processing Systems. SiPS 99. Design and Implementation. October 22-22, 1999, Taipei, China. IEEE, 1999: 430-437.

[48] Yen J C, Guo J I. A new chaotic key-based design for image encryption and decryption[J]. Proceedings of the IEEE International Symposium on Circuits and Systems, 2000, 4: 49-52.

[49] Yen J C, Guo J I. Design of a new signal security system[C]//2002 IEEE International Symposium on Circuits and Systems (ISCAS). Phoenix-Scottsdale, AZ, USA. IEEE, 2002: IV.

[50] 彭军. 混沌在网络信息安全中的应用研究[D]. 重庆: 重庆大学, 2003.

[51] Li S J, Zheng X. On the security of an image encryption method[C]//Proceedings of International Conference on Image Processing. Rochester, NY, USA. IEEE, 2002: II.

[52] Tenny R, Tsimring L S, Larson L, et al. Using distributed nonlinear dynamics for public key encryption[J]. Physical Review Letters, 2003, 90(4): 047903.

[53] Kocarev L, Tasev Z. Public-key encryption based on Chebyshev maps[C]//Proceedings of the 2003 International Symposium on Circuits and Systems, 2003. ISCAS'03. Bangkok, Thailand. IEEE, 2003: III.

[54] Bergamo P, D'Arco P, De Santis A, et al. Security of public-key cryptosystems based on Chebyshev polynomials[J]. IEEE Transactions on Circuits and Systems I: Regular Papers, 2005, 52(7): 1382-1393.

[55] Kocarev L, Sterjev M, Fekete A, et al. Public-key encryption with chaos[J]. Chaos, 2004, 14(4): 1078-1082.

[56] Pareek N K, Patidar V, Sud K K. Discrete chaotic cryptography using external key[J]. Physics Letters A, 2003, 309(1-2): 75-82.

[57] 周红, 俞军, 凌燮亭. 混沌前馈型流密码的设计[J]. 电子学报, 1998, 26(1): 98-101.

[58] 桑涛, 王汝笠, 严义埙. 一类新型混沌反馈密码序列的理论设计[J]. 电子学报, 1999, 27(7): 47-50.

[59] 周红, 罗杰, 凌燮亭. 混沌非线性反馈密码序列的理论设计和有限精度实现[J]. 电子学报, 1997, 25(10): 57-60.

[60] Kocarev L, Jakimoski G. Pseudorandom bits generated by chaotic maps[J]. IEEE Transactions on Circuits and Systems I: Fundamental Theory and Applications, 2003, 50(1): 123-126.

[61] Fridrich J. Image encryption based on chaotic maps[J]. Proceedings of the IEEE International Conference on Systems, Man, and Cybernetics, 1997, 2: 1105-1110.

[62] Chen G R, Mao Y B, Chui C K. A symmetric image encryption scheme based on 3D chaotic cat maps[J]. Chaos, Solitons & Fractals, 2004, 21(3): 749-761.

[63] Wang K, Pei W J, Zou L H, et al. On the security of 3D Cat map based symmetric image encryption scheme[J]. Physics Letters A, 2005, 343(6): 432-439.

[64] Masuda N, Aihara K. Cryptosystems with discretized chaotic maps[J]. IEEE Transactions on Circuits and Systems I: Fundamental Theory and Applications, 2002, 49(1): 28-40.

[65] Yen J C, Guo J I. Efficient hierarchical chaotic image encryption algorithm and its VLSI realisation[J]. IEE Proceedings-Vision, Image, and Signal Processing, 2000, 147(2): 167.

[66] Yen J C, Guo J I. A new chaotic key-based design for image encryption and decryption[C]//2000 IEEE International Symposium on Circuits and Systems (ISCAS). Geneva, Switzerland. IEEE, 2002: 49-52.

[67] Mao Y B, Chen G R, Lian S G. A novel fast image encryption scheme based on 3D chaotic baker maps[J]. International Journal of Bifurcation and Chaos, 2004, 14(10): 3613-3624.

[68] Jakimoski G, Kocarev L. Chaos and cryptography: Block encryption ciphers based on chaotic maps[J]. IEEE Transactions on Circuits and Systems I: Fundamental Theory and Applications, 2001, 48(2): 163-169.

[69] Li S J, Zheng X. Cryptanalysis of a chaotic image encryption method[C]//2002 IEEE International Symposium on Circuits and Systems (ISCAS). Phoenix-Scottsdale, AZ, USA. IEEE, 2002: II.

[70] Li S J, Mou X Q, Cai Y L, et al. On the security of a chaotic encryption scheme: Problems with computerized chaos in finite computing precision[J]. Computer Physics Communications, 2003, 153(1): 52-58.

[71] Álvarez G, Montoya F, Romera M, et al. Cryptanalyzing an improved security modulated chaotic encryption scheme using ciphertext absolute value[J]. Chaos, Solitons & Fractals, 2005, 23(5): 1749-1756.

[72] Álvarez G, Montoya F, Romera M, et al. Breaking parameter modulated chaotic secure communication systems[J]. Chaos, Solitons & Fractals, 2004, 21(3): 783-787..

[73] Álvarez G, Montoya F, Romera M, et al. Cryptanalysis of a chaotic encryption algorithm based on composition of maps[J]. Chaos, Solitons & Fractals, 2005, 23(5): 1749-1756.

[74] Habutsu T, Nishio Y, Sasase I. A secret cryptosystem by iterating a chaotic map[J]. Advance in Cryptology-EUROCRYPT'91, 1991, LNCA 547: 127-140.

[75] Biham E. Cryptanalysis of the chaotic-map cryptosystem suggested at EUROCRYPT'91[M]//Lecture Notes in Computer Science. Berlin, Heidelberg: Springer Berlin Heidelberg, 2007: 532-534.

[76] Kocarev L, Jakimoski G. Logistic map as a block encryption algorithm[J]. Physics Letters A, 2001, 289(4-5): 199-206.

[77] Fridrich J. Image encryption using chaotic maps[J]. Proceedings of the IEEE International Conference on Systems, Man, and Cybernetics, 1998, 3: 2695-2700.

参考文献

[78] 施奈尔. 应用密码学：协议、算法与 C 源程序[M]. 吴世忠, 祝世雄, 张文政, 译. 北京：机械工业出版社, 2000.

[79] Erdmann D, Murphy S. Hénon stream cipher[J]. Electronics Letters, 1992, 28(9)：893-895.

[80] Feistel H. Cryptography and computer privacy[J]. Scientific American, 1973, 228(5)：15-23.

[81] Chang H K C, Liu J L. A linear quadtree compression scheme for image encryption[J]. Signal Processing：Image Communication, 1997, 10(4)：279-290.

[82] Chang C C, Hwang M S, Chen T S. A new encryption algorithm for image cryptosystems[J]. Journal of Systems and Software, 2001, 58(2)：83-91.

[83] Cheng H, Li X B. Partial encryption of compressed images and videos[J]. IEEE Transactions on Signal Processing, 2000, 48(8)：2439-2451.

[84] Bourbakis N, Alexopoulos C. Picture data encryption using scan patterns[J]. Pattern Recognition, 1992, 25(6)：567-581.

[85] Scharinger J. Fast encryption of image data using chaotic Kolmogorov flows[J]. Journal of Electronic Imaging, 1998, 7(2)：318-325.

[86] Li S J, Zheng X, Mou X, et al. Chaotic encryption scheme for real-time digital video[J]. Proc SPIE on Electronic Imaging, 2002, 4666：146-149.

[87] 周红, 凌燮亭. 有限精度混沌系统的 m 序列扰动实现[J]. 电子学报, 1997, 25(7)：95-97.

[88] Coppersmith D, Kawczys H, Mansour Y. The shrinking generator[J]. Advances in Cryptology -Crypto'93, 1993：22-39.

[89] van Schyndel R G, Tirkel A Z, Osborne C F. A digital watermark[C]//Proceedings of 1st International Conference on Image Processing. November 13-16, 1994, Austin, TX, USA. IEEE, 1994：86-90.

[90] Caronni G. Assuring ownership rights for digital images[M]//Verläßliche IT-Systeme. Wiesbaden：Vieweg+Teubner Verlag, 1995：251-263.

[91] Tirkel A Z, van Schyndel R G, Osborne C F. A two-dimensional digital watermark[J]. Proceedings of the IEEE International Conference on Image Processing, 1995, 1：86-89.

[92] Tanaka K, Nakamura Y, Matsui K. Embedding secret information into a dithered multi-level image[C]//IEEE Conference on Military Communications. Monterey, CA, USA. IEEE, 1990：216-220.

[93] Matsui K, Tanaka K. Video-steganography：How to secretly embed a signature in a picture[J]. Proceedings IMA Intellectual Property Project, 1994：187-206.

[94] 刘瑞祯, 谭铁牛. 数字图像水印研究综述[J]. 通信学报, 2000, 21(8)：39-48.

[95] 易开祥, 石教英, 孙鑫. 数字水印技术研究进展[J]. 中国图象图形学报(A 辑), 2001, 6(2)：111-117.

[96] 杨义先, 钮心忻. 多媒体信息伪装综论[J]. 通信学报, 2002, 23(5)：32-38.

[97] Wolfgang R B, Delp E J. A watermarking technique for digital imagery：Further studies[J]. Proceedings of International Conference on Imaging Science, System and Technology, 1997：21-23.

[98] 李思静, 杨小帆, 石磊. 数字水印：数字产品所有权保护的有力武器[J]. 计算机应用与软件, 2004, 21(10)：16-17.

[99] Bender W R, Gruhl D, Morimoto N. Techniques for data hiding[C]//Storage and Retrieval for Image and Video Databases III. San Jose, CA. SPIE, 1995: 2420-2440.

[100] Brassil J T, Low S, Maxemchuk N F, et al. Electronic marking and identification techniques to discourage document copying[J]. IEEE Journal on Selected Areas in Communications, 1995, 13(8): 1495-1504.

[101] Pitas I. Method for signature casting on digital images[J]. IEEE International Conference on Image Processing, 1996, 3: 215-218.

[102] Kutters M, Jordan F, Bossen F. Digital watermarking of color images using amplitude modulation[J]. Journal of Electronic Imaging, 1998, 7(2): 326-332.

[103] Lee C H, Lee Y K. An adaptive digital image watermarking technique for copyright protection[J]. IEEE Transactions on Consumer Electronics, 1999, 45(4): 1005-1015.

[104] 张军, 王能超, 施保昌. 数字图像的公开水印技术[J]. 计算机辅助设计与图形学学报, 2002, 14(4): 365-368.

[105] 易开祥, 石教英. 自适应二维数字水印系统[J]. 中国图象图形学报(A 辑), 2001, 6(5): 444-449.

[106] Kankanhalli M S, Ramakrishnan K R, Rajmohan. Content based watermarking of images[C]//Proceedings of the sixth ACM international conference on Multimedia - MULTIMEDIA '98. September 13-16, 1998. Bristol, United Kingdom. ACM, 1998.

[107] Cox I J, Kilian J, Leighton F T, et al. Secure spread spectrum watermarking for multimedia[J]. IEEE Transactions on Image Processing, 1997, 6(12): 1673-1687.

[108] Zeng W, Liu B. A statistical watermark detection technique without using original images for resolving rightful ownerships of digital images[J]. IEEE Transactions on Image Processing, 1999, 8(11): 1534-1548.

[109] 刘振华, 尹萍. 信息隐藏技术及其应用[M]. 北京: 科学出版社, 2002.

[110] 汪小帆, 戴跃伟, 茅耀斌. 信息隐藏技术: 方法与应用[M]. 北京: 机械工业出版社, 2001.

[111] Katzenbeisser S, Peticolas F A P. 信息隐藏技术-隐写术与数字水印[M]. 吴秋新, 钮心忻, 杨义先, 等, 译. 北京: 人民邮电出版社, 2001.

[112] Petitcolas F A P, Anderson R J, Kuhn M G. Information hiding-a survey[J]. Proceedings of the IEEE, 1999, 87(7): 1062-1078.

[113] 刘瑞祯, 谭铁牛. 数字图像水印研究综述[J]. 通信学报, 2000, 21(8): 39-48.

[114] Cox I, Miller M L. Review of watermarking and the importance of perceptual modeling[J]. Proceedings of SPIE-The International Society for Optical Engineering, 1997: 92-97.

[115] Yen J C. Watermarks embedded in the permuted image[C]//ISCAS 2001. The 2001 IEEE International Symposium on Circuits and Systems (Cat. No. 01CH37196). Sydney, NSW, Australia. IEEE, 2001: 53-56.

[116] Feng G R, Jiang L G, He C, et al. A novel algorithm for embedding and detecting digital watermarks[C]//2003 IEEE International Conference on Acoustics, Speech, and Signal Processing, 2003. Proceedings. (ICASSP'03). Hong Kong, China. IEEE, 2003: III-549.

[117] Lin C Y, Wu M, Bloom J A, et al. Rotation, scale, and translation resilient watermarking for images[J]. IEEE Transactions on Image Processing, 2001, 10(5): 767-782.

[118] Wang Y W, Doherty J F, Van Dyck R E. A wavelet-based watermarking algorithm for ownership verification of digital images[J]. IEEE Transactions on Image Processing, 2002, 11(2): 77-88.

[119] 李昌刚, 韩正之, 张浩然. 一种基于随机密钥及"类标准映射"的图像加密算法[J]. 计算机学报, 2003, 26(4): 465-470.

[120] 樊春霞. 混沌保密通信系统的研究[D]. 南京: 南京航空航天大学, 2005.